PALGRAVE
STUDY SKILLS

帕尔格雷夫研究技巧系列

RESEARCH
Using IT

■Hilary Coombes

(英）希拉里·库姆伯斯 著
王莹 孙平 魏永乐 吴迅捷 译

研究方法：运用IT进行研究

东北财经大学出版社
Dongbei University of Finance & Economics Press
大连

图书在版编目（CIP）数据

研究方法：运用IT进行研究／（英）库姆伯斯（Coombes，H.）著；王莹等译．—大连：东北财经大学出版社，2011.5
（帕尔格雷夫研究技巧系列）
书名原文：Research Using IT
ISBN 978-7-5654-0315-6

Ⅰ．研… Ⅱ．①库… ②王… Ⅲ．研究方法 Ⅳ．G312

中国版本图书馆CIP数据核字（2011）第055513号

辽宁省版权局著作权合同登记号：图字06-2008-377号

Hilary Coombes：Research Using IT

东北财经大学出版社出版
（大连市黑石礁尖山街217号 邮政编码 116025）
教学支持：（0411）84710309
营 销 部：（0411）84710711
总 编 室：（0411）84710523
网 址：http：//www.dufep.cn
读者信箱：dufep@dufe.edu.cn

大连图腾彩色印刷有限公司印刷 东北财经大学出版社发行

幅面尺寸：170mm×240mm 字数：248千字 印张：16 1/2 插页：1
2011年5月第1版 2011年5月第1次印刷

责任编辑：李 季 孙 平 责任校对：赵 楠 那 欣
封面设计：冀贵收 版式设计：钟福建

ISBN 978-7-5654-0315-6
定价：36.00元

导　言

◇本书为谁准备

- 如果你想知道如何研究；
- 如果你想学习计算机如何帮助你研究（无需经验）；
- 如果你想循序渐进地轻松搞定；
- 如果你讨厌术语。

那么，本书就是为你准备的。

◇如何使用本书

浏览本书，你会发现每一章由两部分组成。Part A 用简明的解释涵盖了关于如何研究你需要了解的知识。Part B 解释了计算机功能或工具如何支持之前部分所讨论的内容。每部分自成章节，如果你想使用计算机来帮助你的研究，它将节省你大量的时间，并将真正地避免重复工作。

◇其他人怎么评价

“在我攻读学位期间，本书对我来说真是太棒了。对于计划和进行所有水平的研究，本书提供了非常有用的框架。关于利用计算机和因特网进行研究和提交结论，它带给你各种丰富的信息，并解释得一目了然，这在其他书中恐怕很难发现。你所需要的一切，尽在本书中……”

Katy Waring

心理学学士

“通过一种易于理解的方式，本书引导你了解几乎详尽的研究方法。你将学会如何通过有用的总结、图表和计算机屏幕说明，以最恰当的方式分析和提交你的发现。当我进行我自己的研究时，我肯定需要获得这种帮助。”

Irene Bulmer

持有教育学证书及 T. Dip. WP、T. Dip. T 证书

继续教育讲师

“本书对于日益期望进行研究并在研究中使用计算机的接受高等教育的大学生来说极具价值。它笔触清新，避免了让人‘敬畏’的术语，对于初次研究者和有经验的研究者都很适宜。”

Judie Jancovich

文学士，持有教育学证书

巴斯思帕大学学院广泛参与办公室官员

目 录

第7章 分析数据/140

第8章 书写调查报告/179

第1章

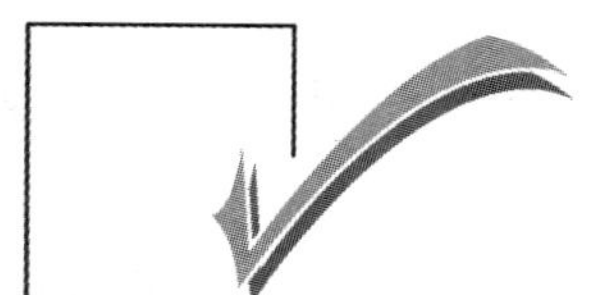

引 言

Part A

1.1 什么是研究

研究是一项工具，它能帮助你从 A 点到达 B 点。如果你想证实一个观点，需要研究它；如果你想证伪一个观点，也要研究它。如果你认为事实 ABC 是正确的，需要研究它；如果你认为事实 ABC 是错误的，也要研究它。研究仅仅是一种调查和收集信息的方法。

然而，当你涉足被称为研究这一极为杂乱的过程时，你会发现自己无法抵达有序而确定的终点，此时千万不要惊诧。你可能甚至会发现自己不得不改变初始立场，你的研究可能颠覆你最初预想的论点。但是，如果上述情形出现在全部或部分研究过程中，这种经历将极有可能令你受益匪浅。

词典对“研究”一词的定义是：“研究是一项用于证实事实或原则或者就某一问题收集信息的系统性调查。”从本质上看，研究正是如此。但是，决定如何进行研究、选择何种方法、采用何种研究类型，乃至更基本的问题——如何识别能满足你的需要的具体问题及其范围，这些都将长期影响着研究的成功。

1.2 为什么研究

大多数人进行研究是因为他们迫不得已。平心而论，除非是圣人，否则大多数人都是懒惰的，并且我们是生活在“须知”这一基础上的。例如，在现今社会，我们愈加需要知道如何操作计算机，而我们几乎不必费力即可知道。

下面看看它影响到我们的几个方面：

（1）你申请不到某些职位，因为公司规定职员必须精通计算机；

（2）你还得雇人对自己的履历表、入学申请表和学位论文进行文字处理（现在越来越多的大学对文字处理工作提出要求）；

（3）你将自身隔绝在所有的谈话之外，你既不能理解他人对数码相机的热衷，也无法体会他人利用桌面出版软件包精心设计出一张宴会请帖的激动心情。

在日常生活中，我们研究各种各样的内容。例如，我们可能会阅读与职业选择相关的信息，或者搜寻各类有关游览胜地的书籍，然后将最适宜的建议一一挑选出来，这正是我们每天要做的事情之一，并乐此不疲。然而，仍有极少数承担学术研究的人仅仅是出于兴趣。他们全身心地投入研究，并欣然接受其全部工作就是为证明某一论点而进行研究。大多数人展开研究是因为不得不做，不过，一旦专注于研究，他们就会发现这是值得做的，也间或有挫折，但最后结果终将补偿期间遇到的任何挫折。

作为工作的一部分，你也许不得不研究一些小项目。通过取得第一张学位证书后，你可以提升自己的资历，甚至会成为一名学术精湛的学者，承担博士毕业论文的写作任务。无论你的境遇如何，精心组织的研究都会成为你通往成功之路的金钥匙。

1.3 如何为研究做准备

你如果即将承担研究工作，并发觉研究课题和写作论文的前景让你感到沮丧，请看看研究的积极方面。研究能让你激动万分，能让你踏上一段新的旅程，能让你的视野得以拓宽，还能全面改变你的职业生涯。记住，大多数人都处于某种恐慌之中，我们首先想到的就是“我不会做，这是不可能的”。但是，这是可能的，你会研究，也可以发表自己的研究结果。然而，如果成功在即，而且你尚未感到心力交瘁，那么准备和筹划就是成功的关键。

基础层面的研究通常都有一种范式（见表 1—1）。这一过程虽然被简化，但仍指出了一系列有代表性的研究步骤。毫无疑问，研究方法多种多样。例如，在第 3 步中，研究者可以选择验证假设而非设定目标。

表1—1 **研究范式及实例**

序号	典型范式	简单实例
1	研究的最初原因	工作所需的大学课程等
2	确定具体课题及范围	例如，为何许多年轻人从某家公司离职或者没有完成学业
3	确定目标（目标是研究的意图或目的）	公司或大学是否存在问题？如果存在，找出问题所在
4	确定和计划如何找到所需的信息	各种研究方法均可为你所用。在本例中，你可能要派发问题表，甚至与离职人员会谈，如果他们愿意的话（记住，无论如何都有许多备选方法，因而不必选用你研究的第一方法）
5	就访问和许可进行协商	与掌权者一起制定清晰的规划，获得与离职人员会谈的许可
6	设计所需的纸面工作	确定需要提问的问题，制作问题表
7	围绕课题进行研究	阅读他人已经完成的有关该课题的文章，无论是该公司还是更大范围内的。在缺少计算机的辅助时查阅相关的文章和书籍等是非常耗时的。现今，大多数大学都拥有全部索引和摘要等，你必须使用这一网络
8	确定期限及所涉及的人员数量，提出问题并记录答案	获得离职人员的许可，向他们提问并记录答案
9	分析所获信息	对比答案，寻找相似点和有用的信息，记录研究结果。可以得出结论吗
10	提交研究结果（为何、如何、何时、何处和什么）	写下研究的经历，可以采用图表等方式来完善研究结果
11	完成研究论文	如果有必要，则将其提交给雇主、大学，也可寻求出版或基金资助。可能要确定未来的研究或职业发展

假设——何谓假设

词典对“假设”一词的定义是“为推动检验或鉴定而提出的关于某种现象的一般化命题”。如果在研究方面你是一名新手，上述说明并非直截了当、简单易懂。一些研究者把假设看做两因素或多因素之间的假想关系，而这可以通过某些证据来检验。Fulcher 和 Scott 就这种关系给出了一个绝佳的例子：

举例而言，某个模型把贫穷与低支出联系起来，并提出了一个假设，即引入最低比例的支出将减少贫穷水平。而另一个模型则把贫穷和失业联系起来，建立该模型的研究者的假设则是，引入最低比例的支出，会伴随着营业成本的增加，进而抬高失业水平，最终提高了贫穷水平（Fulcher 和 Scott，1999：73 -4）。

你也可以利用假设来验证你对某个事物的“感觉”。在为什么许多年轻人总是从某家公司离职这一例子中，我们可以设定如下假设（它取决于研究者的直觉，而研究者正是努力证明某个观点或“感觉”正确与否的人们。这里给出了一个略微不同的逼近研究过程的途径）：

（1）检验年轻人是否因职业发展前景黯淡而离职；

（2）检验年轻人是否因自感薪水过低而离职；

（3）检验年轻人是否因工作枯燥乏味而离职。

在研究的初始阶段精心组织，将会使你节省大量的时间，避免烦躁不安。应该有条不紊地逼近研究，并确定你已经想好了在展开研究之前要做的事情。

本书将指引你逐步走完研究过程。如果在每一步中都能对工具善加利用，你就会发现，不只是研究，就连写作和发表论文也将变得易如反掌。并且，你还会发现，计算机是你最得力的助手。

1.4 让计算机为你的研究助力

即使没有计算机，研究过程依然能进行，只是仅靠你自己，那将是非常困难的。毫无疑问，你必须强制或雇用他人来对你的电子版毕业论文以及大量的信件、调查问卷和研究结果等进行文字处理工作。

当你围绕某个课题展开研究时，你需要找到他人在该领域内取得的研究成果，此时就一定要用到图书馆中的计算机。在互联网上，你能够收集到大量有用的信息，也可能与那些能充实你的研究结果的重大信息擦肩而过。

将表1—2与表1—1相对照，请留意计算机能够在多大程度上为你的研究提供帮助，并设想一下，如果仅仅依靠老式的传统方法，研究又将是多么困难。

表1—2 **计算机的辅助作用**

序号	典型范式	计算机辅助作用的简单实例
1	研究的最初原因	头脑风暴软件，比如Mind Manager
2	确定具体课题及范围	使用互联网或图书馆的计算机，寻找一些主题、观点和其他出版物等
3	确定目标	文字处理清单、评论。根据清单制订的远期计划是否可行？你可以复制相关的内容，并在必要时重新计划。坚持做记录（这样即可将其自动复制到研究论文中，保存改写的内容）
4	确定和计划如何找到所需的信息	在图书馆使用在线设备。从一开始就按要求的格式保存记录，为形成最终的报告和图书索引做准备，仅这一项即可在收尾阶段节省你的工作时间。对你可能用到的从所浏览的书籍、杂志中摘抄的相关内容进行文字处理，将其保存为易于查找的文件名，并归入适当的文件夹中。将研究结果或文档保存两次，或使用卡片索引系统（这相当耗时）。计算机也可以检索“关键字”，这使得针对你所记录的具体课题的信息检索更加简化
5	就访问和许可进行协商	使用文字处理包、邮件合并或电子邮件设备写信。撰写报告以阐明你的研究目的，随函附上。为信封贴上自动标签
6	设计所需的纸面工作	设计调查问卷。设计用以记录对面谈问题的口头回答的网格，以及复选框、清单和表格
7	围绕课题进行研究	使用多媒体这一得力助手，如在线图书、在线百科全书、光驱、视频和校园网；使用扫描仪；使用内部网（局域网、企业内部网）和互联网设备
8	确定期限及所涉及的人员数量，提出问题并记录答案	完整保存记录之外的信息，对每天的工作记录进行文字处理，并将其直接存入计算机。日后，你就可以将其中的部分内容直接复制到研究论文中
9	分析所获信息	将信息直接输入数据库，并抽取所需的统计信息（你无须计数和运算）。使用试算表软件可以很容易地画出饼图和柱形图、计算均值等
10	提交研究结果	使用文字处理程序，可以将上述内容全部导入你的研究论文。使用大量有用的功能，如字数统计（一定会有字数要求）。使用桌面出版功能，可以使你的论文看上去十分专业
11	完成研究论文	使用演示软件来设计恰当的要点和图表等，并将其投影在放映机或显示屏上，便于个人的演示。使用桌面出版系统设计过场动画。使用在线设备宣传你的研究结果。使用文字处理程序向出版商、杂志社或其他外部资金提供方写信或撰写小型报告

将表 1—2 和表 1—1 相对比，可以发现计算机在研究过程中发挥的巨大作用。

如果你不准备在研究中运用计算机（虽然出于研究目的而不得不使用图书馆中的计算机），你可以只阅读各章的 Part A 部分，不过我强烈要求你不要采纳这一建议。各章的 Part B 部分主要说明了计算机的功能和设备，如上所述，它们将会为你提供支持。

Part B

1.5 为什么使用计算机

显而易见，长期运用计算机进行研究，会为你节省大量的时间，并且祝贺你，你已经接纳了计算机技术。

1.5.1 恐惧

对新技术的学习会让一些人望而却步，尤其是当他们看到年轻人熟练地操作键盘、制作音频视频文件时。其实不必对计算机恐惧，它不会咬你，也不会骂你，更不会爆炸！它能做到的最糟糕的事情就是丢失你的工作成果，但是这通常不是计算机的过错，而是操作者的过错，即没有经常性或正确地保存文件。

笔者从事 IT 领域的教学工作已逾 15 载。我所教过的上千名学生年龄从 16 岁到 75 岁不等，但无一例外的是，大家都在课堂中学习如何运用计算机。诚然，一些学生能够比他人更快地掌握这些知识，尤其在初始阶段，还有一些学生貌似在计算机方面天资过人，但是最终大家都掌握了如何有效地运用计算机。

记住，只有循序渐进、学以致用，才会取得成功。如果在尚未掌握打开文档、输入信息、保存文档等基本操作之前，就尝试某些高级操作，那么所产生的任何错误都只能归咎于自身。在学会跑之前，要先学会走，然后方能知道自己在做什么——这无疑是成功之道。

1.5.2 培训

在理想的国度中，每个人生来即拥有一定的技能，能熟练地操作计算机的按键，哄骗计算机按要求正确运行，不过这只是空想，我们依然要学习这些技能。备选的学习途径如下：

（1）拥有一台计算机和一本教科书进行自学，这并非一件易事，甚至有人认为自学是最困难的。我们不会奢望，一位工程师会突然懂得如何建设桥梁；也不敢相信，一位牙科医生不经过正规培训就会修牙。

（2）向经验稍微丰富的朋友求教，只是并非每一个人都擅长解释说明，因为有些人虽然会操作计算机，但并不意味着他们了解实现计算机的某些功能的最佳方法。

（3）参加培训班，学习基本操作。你所需要的可能只是建立信心和助你启程。只要提供工具和想法，一些人就能大展拳脚。

培训是一个很好的提议，至少能让你在租借或购买计算机之前，熟悉计算机技术和软件包，这有助于你明确自己想要什么和需要什么——当然也可能是不必要的。

在需要计算机之前，你最好对它有所了解。一旦研究计划得以展开，你就很难抽出时间来加以练习。如果近几个月内不必展开研究，那么你就拥有充足的时间来提升自身的技能。浏览当地的报纸或致电当地的学校，就能使你获知其开设的培训课程。

1.6 购买计算机

来自蓬勃发展的计算机行业的消息是请购买最新、最快的计算机，但即使你赚来的辛苦钱足以购买计算机，选择哪一款仍会使你头疼不已。对此，计算机专业人士提出的建议永远是，购买一台你能负担得起的、最好的、内存最大的、预装全部适用软件的计算机。对于新手而言，购买计算机是一件令人烦恼的事，并且你永远不会知道，这位热心的、友好的销售员是纯粹想推荐一款适合你的机器，还是因为这款机器的提成较高。

众所周知，家用电脑是一台 PC（个人电脑），它所能执行的程序不会超出用户的知识范围。除了能为你的研究项目提供支持以外，它还有助于你对信件和文档进行文字处理。你还可以在计算机中存放数据库（为查询某些关键信息而设置的信息列表）。

从百科全书的信息到语言学习磁盘，你可以使用光驱获知各种各样的信息。家庭理财会得以简化，你可以在互联网上购物或付账；银行如今已经联网，因而可以通过计算机确认银行对账单，以完成支付。互联网上还有成千上万的游戏供你娱乐，它们可不只是孩子们的专利。掌握计算机的时间越晚，要让它为你所用就越困难。

1.6.1 哪一款计算机

如果想购买一台计算机，那么在做出决定之前是否有实际经验是迥然不同的。请与你的朋友们谈论他们的计算机，询问他们是否为购买这款计算机而愉悦，讨论他们是否要改变某些东西。你可以从他们的错误中汲取教训。

计算机杂志有时是你的益友，但对于新手而言，也可能会被搞糊涂，所以在购买杂志之前，应当仔细浏览其提出的建议是否适用于初次购买者。

购买计算机就像购买汽车一样，你想购买哪一个型号，取决于你想用它来做什么，以及你有多少钱。如果想匆忙开入小镇，就会购买福特嘉年华，而不是宝马7系（除非外观的重要性无可替代，并且钱不是问题!）。购买计算机同样如此，你想购买哪一款，取决于你想用它来做什么，以及在购买之前你掌握了多少实际经验。如果你已经确定自己想要的不过是能进行文字处理和上网的计算机，那么你无须支付高昂的费用以购买那些功能更强大、款式更新颖、内存更大的计算机。因此，你应当决定，在一开始你想用计算机做什么，以及你能接受的价格。随后，你就可以在报纸杂志上搜寻广告，比较其售价和具体配置。

表1—3给出了一些可能在计算机广告中出现的各种词汇的含义。然而，这只是一份快速指南，因为本书的重点不是介绍计算机组件的所有细节。很多书籍和文章着重介绍这些内容，在你即将与你的辛苦所得挥手道别之际，建议你有选择性地阅读其中一些内容。

某些教育机构与一些供应商签订了购买协议，在这种情况下，你能以一定的折扣购买硬件（计算机组件）和软件（将信息输入计算机即可执行某些功能的磁盘）。在你购买任何东西之前，都值得对此一查。此外，某些教育机构还拥有免费软件或廉价软件——如果不询问，你就不会得到它。

表1—3 **计算机相关词汇表**

词汇	含义
CPU（中央处理器）	CPU是计算机的“大脑”，就像人类的大脑一样。它需要电能，而且为便于正常运行，其运行速度最好在133MHz以上
屏幕（VDU）	有各种屏幕尺寸可供选择，如14英寸、15英寸、17英寸甚至更大尺寸。通常，屏幕越大，价格越高，经济负担也就越重。如果能以理想的价格购买到17英寸以上的屏幕，将使得一切更易于阅读
硬盘	硬盘是存储数据的地方。硬盘的大小显示了计算机的信息存储量。购买能负担得起的最大容量的硬盘，你就不会因为机器运行缓慢而苦恼
内存（ROM和RAM）	ROM是只读存储器（数据只能读出，不能被修改），RAM是随机存储器（所存储的数据可被修改）。所有的软件包通常都会在包装上标有安装该软件需要多少MB（兆字节）的硬盘空间
多媒体	如今，几乎所有的新机器都随附多媒体功能，即音箱、DVD/CD-ROM驱动器。驱动器的读取速度反映了信息的存取速度有多快
打印机	许多教育机构都允许你将自己的文件放在移动存储设备中，然后带到高校中并把它打印出来。如果你有这方面的需要，就应该了解各种打印机的优缺点。如决定在一开始就买一台打印机，而且经济状况允许的话，就买一台激光打印机。从长期来看，激光打印机的耗材硒鼓便宜上千倍。在购买计算机时，打印机常常被捆绑销售。当出现这种情况时，就询问一下这台“免费”打印机的耗材墨盒的价格是多少。墨盒不能持续很长时间，并会成为一项昂贵的易耗品，而激光打印机的耗材硒鼓则可以持续几年。你也许可以在一开始就这台“免费”打印机的成本进行商谈，以降低激光打印机的成本或计算机的成本
软件	大多数个人计算机都自带一些基本软件，助你起步。你如果正欲购买一台新机器，可以在一开始就商谈购买最新的Office软件。但是，在初步了解市场上的各种软件产品之前，无论如何都不要仓促购买其他软件。大学生一旦注册某一课程，便可以花很少的费用购买软件市场上的主流产品Office软件，不妨去问问吧
软盘	软盘一点也不松软，因为软盘本身是由硬塑料包裹的盒子。如今，所有的磁盘都是高密度的——密度越高，磁盘所容纳的信息就越多。各种软盘的价格相差悬殊，中高价位的磁盘一般质量可靠。你只需要几张软盘即可展开研究

首先要考虑的是在Apple Mac和Windows之间做出抉择。Apple Mac一向

售价高昂，但是正越来越有竞争力，它在图像设计领域里表现出色，因此，如果你的兴趣在于运用计算机进行图像处理或制作家庭视频，Apple Mac 就是绝佳的选择。Windows 品牌与教育机构以及大多数工作场所中使用的设备之间的兼容性更强，而且 Windows 软件在 PC 软件市场中随处可见。

一个至关重要的因素是机器和软件的选择要与教育机构以及大多数工作场所中使用的设备相兼容，你要在那里做出有关研究项目的决策。有时需要在不同的机器之间转移信息，而机器之间的不兼容将使得你的问题没完没了。如果你打算在大学或工作场所打印文档，那么对软件的选择将是非常重要的。

1.6.2 购买二手计算机

除非你极为确信所购得的二手计算机的可靠性，否则建议你重新考虑。你无法知道计算机的损耗程度，或者机器中的组件是否被更换过。硬盘的使用寿命通常为 2 ~5 年，转到你的手中时，它很可能即将寿终正寝。购买到一台可靠的二手机器是一件幸运的事情。在你打算购买一台二手机器时，如果可能的话，可以向你所在单位或大学里的计算机技术员进行咨询。

还有一些额外的风险，即旧设备无法与新软件或替换的组件一同工作。例如，旧的显示器有时不支持新的显卡。兼容性的问题甚至会导致你希望自己从未购买过机器。无论如何，购买哪一款机器最终取决于你的个人选择和经济实力。

第 2 章

确定研究领域

Part A

2.1　分派的研究课题

你可能无法选择自己要研究什么，要研究的课题领域或要调查的观念想法有可能是预先给定的。如果确实如此，那么如果可能的话，要努力找到你所感兴趣的领域。例如，你被要求研究为什么失业人员中不合格者比合格者多 35%。

试着避开“立刻假设”的陷阱，给出众所周知的答案。这样做只会让你的研究观点有失偏颇，还会使你因结论了无新意而感到研究该课题纯粹是在浪费时间。这反过来将导致你贬低自己所从事的研究的重要性，并发现自我激励极为困难，尤其当存在棘手的问题时。新闻报道经常会带有偏见或极具煽动性地陈述社会现实，长期对其所报道的失业话题耳濡目染，难免会使你戴上“有色眼镜”。

你的研究可能会促使人们欣然接受这些见解。问问自己：为什么这一陈述会被认为是正确的？这是否是不带任何偏见的陈述？哪个年龄段被纳入考虑？对男女是一视同仁吗？哪些因素可能对该陈述产生影响？有可能在做出这一断言时，16 ~ 18 岁的青年——正接受全日制教育，尚未参加工作——占有较大比例这一因素未得以充分考虑。他们达到了法定就业年龄，可以被用于统计分析。

老年人也可能被纳入其中。在 20 世纪五六十年代就读于普通中学的青少年在毕业时的年龄为 15 岁或 16 岁，他们没有机会参加任何考试。这代人现在已经接近退休年龄，他们也许不再希望被聘用，或者很难找到工作，因而属于冗余年龄组。你的研究会使你发现，资格不够但年龄适当正是问题所在。

诸如此类问题可以使人们扭转对所分派的课题的第一印象——由看似乏味转而拥有浓厚的兴趣。如果你正要将大量的时间投入研究中，那么从一开始就感到动力十足且兴趣盎然是非常重要的。

2.2 选择你自己的研究课题

选择一个研究课题需要经过慎重的考虑。如果你有选择的余地，思考几个感兴趣的课题并在最终选定之前做一些基础工作将是明智之举。不要立刻采用你的第一个想法，写下你有兴趣深入探索的研究领域内的问题列表。如果你的研究涉及健康领域，那么最初的列表可能包括：

检查规定；

预防性药物；

人类与癌症；

候诊者名单问题；

英国的社区初级医疗保健系统（GP系统）；

年老体弱者的家庭护理。

仔细思考各个被提议的课题。事情的现状如何？哪些问题被提出来？哪些因素是重要的？在这一阶段问问为什么也是很有助益的，并且可以促使你继续深入思考问题，否则这些问题有可能会被遗漏。例如，假设我们选取了列表中的最后一个课题“年老体弱者的家庭护理”，“什么”这一问题会引导你思考以下两者的区别是什么：一是需要护理的人；二是需要一些帮助但无需合格护士的帮助的老年人。你如果随即提出了补充性的问题——“为什么”，就极有可能发现其他可能要考虑的领域，如财务限制、政府规定或个人需要。此类问题促使你启动研究过程，但这只是一个起点。你需要把研究领域缩小并提炼至可控的范围内。你只有有限的时间来进行研究，而且，在较小的领域内做一件有意义的工作，远胜于在可控范围之外开展工作。缩小并提炼你的目标有助于确定你要研究的问题。你可以确定待检验的假设，也可以写出目的陈述。Creswell强调指出：

目的陈述确定了研究方向，因为它传达了研究的全部意图或目的（Creswell，1994：56－7）。

目的陈述的表达方式多种多样，具体取决于所使用的研究方法。Creswell 给出了一个定性的目的陈述脚本实例，采用了提问问题列表的形式。开头部分如下：

研究的目的是……（曾经是……或将会是……）

（理解？描述？拓展？发现？）……

（所研究的核心概念）是针对于……（分析单元：个人？过程？群组？地点）（Creswell，1994：59）

如果你就列表中的第一个研究观点提出了上述问题，那么答案可能如下：

检查规定——该研究的目的是了解对位于布里斯托尔（Bristol）的妇女的检查规定。

你已经通过添加“布里斯托尔”和“妇女”这两个词语缩小了研究领域。你还可以通过增加年龄段（年龄为40～60岁的妇女）或地区（位于市中心的、年龄为40～60岁的妇女）来进一步阐明。

2.3 初始文献检索

当你对所提议的研究领域感到满意时，你就准备好进入下一个重要阶段——调查，这是你在最终确定明确的研究范围之前应该做的工作。

无论你提炼的研究问题是什么，你都不太可能是该领域的第一位探索者。在此阶段，查明该领域内有多少成果、具体是哪些，这对你而言是非常有用的。着手对文献进行全面检索需要耗费大量的时间。除非你极其确信这就是你要研究的领域，或者该课题是分派的，你毫无选择的余地，否则，我奉劝你最初仅仅粗略地进行浏览即可。本章只介绍基本原理，因而如果你要在早期花费较多的时间检索文章，请在开始行动前阅读本书第4章。

每所大学都有相关的规章制度来控制学校图书馆的设备使用或图书借阅。通常，所有的大学成员都可以免费使用公共设施。如果你正在某家机构从事研究工作，也没问题。一个地区内的各图书馆之间往往签有互惠约定，这让你也能使用这些图书馆的设备。

如果你不是大学中的一员，那就需要找图书管理员谈谈。如果你已注册了某个课程但尚未开课，或者正在研究某个特定的课题，你将被允许使用位于图书馆馆舍的设备，但不能带走任何书籍。某些大学允许非本校的成员使用本校的设备，他们只须按学期支付少许的费用。

文献检索的出发点之一是馆藏目录或图书馆联机设备。通常，只有大型公共图书馆或大学图书馆、规模较大的院系图书馆等才有你要寻找的信息类型。最佳的出发点是咨询专业人士，即图书管理员。经验丰富的图书管理员将在你的整个研究过程中发挥不可估量的作用，因此，如果你的拜访能避开他们的繁忙时段，他们就更有可能全心全意地为你提供帮助。

如今，图书馆的藏书目录大都可以通过图书馆计算机查询到。你可以通过键入关键字检索到馆藏目录中有哪些与你的特定课题相关的图书。计算机通常会告诉你一本图书有多少复本，分别在哪个阅览室或校区，以及是否已被借阅。某些图书馆的计算机还记录了杂志列表、刊印的摘要和索引。

大多数图书馆的图书都是按照杜威十进分类法（Dewey Decimal Classification）排列图书的。杜威十进分类法有若干略有差异的版本，是图书分类和排列的主要方法。它将图书分为10个主要的学科并分别编号，每个大类再被细分为更具体的主题并单独编号。当查清你的研究课题的杜威编号时，你就可以轻而易举地在书架上找到该领域内的图书，因为书脊上都贴有编号，而且所有被编号的图书都按作者姓氏字母顺序排列在某一领域内的书架上。杜威十进分类法的10个主要学科如下：

杜威编号	类别
000	总类
100	哲学、心灵学和神秘学、心理学类
200	宗教类
300	社会科学类
400	语言类
500	自然科学类
600	技术（应用科学）类
700	艺术类
800	文学类
900	史地类

上述主要学科被进一步细分为子学科，某些可能会令研究者感兴趣的主题见表2—1。

表2—1 **杜威十进分类法**

杜威编号	主题领域
总类	
000	常识与计算机
003	系统
004	计算机科学
005	计算机编程、程序和数据
006	特殊计算机解法
010	目录学
020	图书馆科学
030	百科全书
050	一般连续出版物和学术期刊
060	组织和博物馆学
070	报纸、教育、新闻媒体、档案、出版
080	一般收藏
090	手稿、珍本书、禁书和其他稀有印刷资料
哲学	
100	哲学
110	形而上学
120	认识论
130	超自然现象
140	特殊哲学观点
150	心理学
160	逻辑学
170	伦理学
180	古代哲学
190	现代哲学

续表

杜威编号	主题领域
宗教	
200. 1	宗教、哲学理论
200. 2	宗教：杂集
204	基督教神话集
210	自然宗教
220	圣经
230	基督教理论
240	基督教信念和祈祷
250	地方教会和宗教职务
260	俗世和教会的神学
270	教会的历史
280	基督教教派和宗派
290	类似的宗教和其他的宗教
社会科学	
300. 2	社会科学：杂类
300. 7	社会科学：教育、研究、相关主题
301	社会学和人类学
302	社会互动
303	社会进程
304	影响社会行为的因素、人口统计学
305	社会群体、社会结构
306	文化和机构
307	社区
310	统计学
320	政治科学（政见和政体）
330	经济学
340	法律
350	公共行政和军事科学

续表

杜威编号	主题领域
360	社会问题和服务、福利
370	教育、教育和国家
380	商业、通讯和运输
390	风俗、礼仪、民俗
语言	
407	教育、研究、相关主题
409	语言——地理
410	语言学
420	英语和古英语
430	德语：日耳曼语言
440	法语
450	意大利语、罗马尼亚语
460	西班牙语、葡萄牙语
470	拉丁语
480	希腊语系：古典希腊语
490	其他语言
自然科学和数学	
500	科学
507	自然科学和数学方面的教育、研究、相关主题
510	数学
520	天文学
530	物理学
540	化学、结晶学、矿物学
550	地球科学
560	古生物学
570	生命科学
580	植物科学
590	动物科学

续表

杜威编号	主题领域
技术	
600	技术
602	技术：应用科学
604	技术制图、危险材料技术
607	技术：教育、研究、相关主题
608	发明、专利
610	医学
620	工程及相关操作
630	农业
640	家庭经济学及日用技术
650	管理及附属服务
660	化学工程
670	制造业
680	特殊用途的产品制造、特种行业
690	建筑
艺术	
700	艺术和娱乐
700.1	艺术哲学和理论
700.9	艺术：历史、地理和人
710	城市和景观艺术
720	建筑艺术
730	雕塑艺术
740	绘画、装饰艺术
750	美术、画集
760	书法艺术、印刷
770	摄影艺术、照片
780	音乐
790	演出和娱乐艺术

续表

杜威编号	主题领域
文学	
800	文学
801	文学、修辞哲学和理论
807	文学和修辞：教育、研究、相关主题
809	各种文学的历史、描述、文献评读
810	美国和加拿大英语文学
820	英国和古英语文学
830	德国文学
840	法国文学
850	意大利语、罗马尼亚语、里托—罗曼语文学
860	西班牙语和葡萄牙语文学
870	拉丁语和意大利语文学
880	古典希腊语和希腊语系文学
地理和历史	
900	地理和历史
901	历史哲学和理论
907	历史方面的教育、研究、相关主题
910	地理和旅行
920	传记、系谱学和徽章
930	古代世界历史
940	欧洲历史
950	亚洲历史
960	非洲历史
970	北美洲历史
980	南美洲历史
990	其他地区历史和互联网历史

在使用计算机时，你最好备有一支钢笔和一张纸，并写下可能与你的研究课题相关的图书及其杜威编号列表，接着就可以去往书架阅览图书。如果幸运

的话，你可以标记图书，也就是在计算机上突出显示那些有趣的精刻本图书，然后按下计算机键盘上的指定按键，即可将图书信息存入列表。在计算机上完成工作后，你可以打印出一份含有做过标记的出版物列表。

在你所在的图书馆中还有其他一些以计算机为基础的设备，本章 Part B 将对其进行详细的描述。

这些子学科被再次细分，其中一定有属于你的研究领域的内容。图书管理员会为你指明正确的方向，还能帮你打开全新的信息检索途径。

2.4 一开始如何使用图书

让我们来看看你所找到的与有待研究的课题相关的六本书。下一步要做什么呢？这六本书的存在同时向你证明，该领域内有可用的资料，这是很好的征兆。当你最终参照其他资料（文章和图书的简短摘要、目录、传单、报纸、报道等）时，你就会拥有大量的搜寻其他相关信息的机会。

首先浏览每本书的关键内容，阅读章节标题、索引、插图或图表。例如，假设研究课题是“在教室里的精神压力”。你就不仅需要浏览与该课题直接相关的标题，还需要跟踪阅读冲突管理、应对愤怒、关系开发技能等章节。虽然最初的想法可能来源于教师的观点，但你也可以尽量从学生的感知中获得信息，这将会给你提供一个完全不同的研究视角。这正是在该阶段进行快速的文献检索的重要性所在，它展现出一幅更广阔的图景，便于你精确地选定研究课题。

你要对那些可能有用的相关图书资料做记录，简要记下其所涵盖的课题。在计算机上完成这一工作远比手工记录轻松得多。有关如何做记录并编制书目的详细介绍请参见本书 3. 18 节“做记录与列举参考文献”部分。

2.5 你的课题架构

你可能会发现拟出截至目前的研究结果的大纲在初期是有助益的。假设你要研究的课题是“成人教育应当采用不同的方式吗”。你原本的想法再加上通过浏览书籍获得的观点大致如表 2—2 所示。如果真是这样的话，在研究过程刚刚展开时，你就已经拥有许多有待深入探讨的想法。

表2—2　**成人教育应当采用不同的方式吗**

基本构想	其他构想
1. 要用不同方法教育他们吗？为什么？如何教育	1. 信心状况
2. 他们的教学需要	2. 职业生涯规划
3. 他们的实践需要和社会需要（例如从学校接孩子等）	3. 生活经历
4. 他们的个人需要	4. 他们期望什么
	5. 教师所需的技能
	6. 理解群体动力
	7. 应对困难

2.6　与他人交谈

现在你已搭建起自己的研究架构，正是在做出最终决策前咨询他人的时候了。Bell 认为这一步骤在任何一项研究中都必不可少：

与同事谈论问题和可能的课题是任何计划的必要步骤之一。他们的观点可能与你不同甚至存在冲突之处，也可能为你提供其他探究方法。他们可能知道一些因易于引发问题而需谨慎对待的层面，也可能知道馆藏目录上未列出的最新出版物（Bell，1999：11）。

当你就某个课题向别人请教时，大多数人会不胜荣幸，并且很乐于提供帮助。精心设计你选用的方法，将你所接近的人们的工作负荷和感受纳入考虑。千万不要期望从一位刚被解雇的员工那里获得针对“是否应当调查该公司的员工待遇”这一问题的不带偏见的回答，也不要奢望从一位正在全力以赴以期在最后期限内完成工作的人员那里获得支持和一些想法。

咨询不仅需要足够的时间，而且需要良好的人际关系技巧。你需要准备好以优雅的风度接受建议。你很可能对自己选定的研究方案极为珍视，因而不愿听到别人对其大加批评，无论多么善意的批评。记住，每个人都有权发表自己的观点，只要建设性地对待这些批评意见，从长期来看，你就能从多个角度来审视同一个问题，从而使你的研究论文更加充实。

大多数承担研究工作的人都拥有对他们的研究方案加以指导的人——要么是最先要求你进行研究的负责人，要么是高校教师——要在整个研究过程中定期咨询他们，并及时跟进。可以时不时地进行非正式的信息传递，也可以制定一份正式的标有截止日期的会议时间表。只有他才能批准你最终的研究框架。

2.7 做记录并列出参考文献

一旦选定了研究领域，你就需要列出自己阅读过的涉及该领域的全部内容，无论你是否在最终的研究论文中引用其中某部分。如果随着研究的进展而手工记录了一些相关信息，在未来的日子里，你将会很轻松；而如果直接将这些信息存入计算机，那么只需短短的几个小时就可以将其汇总在一起，这足以让很多人羡慕，因为吃力的手工方法（见本书 3.19 节“做记录”部分）需要一周乃至更长的时间。

2.8 制定时间表

如果你正为取得学位而承担一项研究工作，你可能会制定时间表，列出在何时必须完成研究的哪一过程。你首先会有一个约定的提交研究论文的日期，并且在整个研究期间，你很可能会被导师召见，他将检查你是否按计划进行。

如果你没有上述支持或时间限制，你可能会陷入无止境地完成每一阶段的工作的陷阱。例如，最初的文献检索将会变得非常宽泛，而且你总感觉有必要再去一次图书馆，再查一遍资料，再借阅一本书籍，再浏览一本杂志等，所有这些都将阻碍你的研究进展，而不会给你带来任何巨大的回报。

制定目标并暂时约定研究论文的提交日期。表 2—3 列示了一个小型研究项目的工作目标概要。你可以在日志中用较大的粗体字重点标出所有相关日期。

你可能需要变得冷酷一些，迫使自己完成一个阶段的工作并转入下一阶段，即使你认为你可以再多做一些工作。表 2—3 中的部分工作无须过于细致，尤其是前期的一些工作。生活有时不那么顺利，所做出的完美计划也可能会出岔子。一旦出现这种状况，请立刻告知导师或负责人。千万不要暗自期望会最终赶上——你可能不会这样做。要始终让他们知道你的生活中发生了什么事情，并寻求他们的协助。如果有必要的话，请再审查一遍时间表。

表2—3 **时间表——工作目标概要**

选择一个课题。简要地进行文献综述。咨询同事、导师或负责人	4周。10月31日前确定
确定研究方法。阅读有关方法论的资料。阅读课题相关文献，并做笔记。咨询导师或负责人	8周。12月中旬前完成
获得研究所必需的谈判权限。设计调查问卷、一览表等。确定将要如何加以分析。继续阅读课题相关文献，并详细地进行记录。咨询导师或负责人	5周。1月22日前完成
进行"现场"研究——计划并完成访谈工作。整理调查问卷、工作日志、观测研究等。继续阅读课题相关文献，并详细地进行记录。咨询导师或负责人	5周。2月19日前完成
分析所收集的资料。与文献中的一览表、柱形图和折线图相对照。继续阅读课题相关文献，并详细地进行记录。咨询导师或负责人	4周。3月19日前完成
撰写报告（初稿）。可能要咨询导师或负责人	8周。5月20日前完成
咨询导师或负责人。修改报告	3周。6月10日前完成
咨询导师或负责人。最后一次修改	2周。6月24日前完成
提交研究论文	6月28日

Part B

2.9 使用电子版馆藏目录

在搜寻研究课题相关内容时，你会发现计算机能帮你节省大量的时间，因为它可以在信息数据库中执行关键字搜索。

各家教育机构和公共图书馆使用不同的词语来描述图书目录，如BIDS、UNICORN、LIBERTAS等。不要被缩略语（首字母缩写词）或气势恢弘的标题吓倒，它们要做的都是一回事，即对电子数据库进行搜索，并在屏幕上列出你所需要的信息一览表，有时也可将其打印出来。大多数图书馆开设简短的课程，讲授如何使用电子版馆藏目录。在展开研究之前学习该课程往往会让你受益匪浅。

只要拥有一个登录口令，你就可以使用某些目录，但不能预订图书。操纵桌子上的鼠标运行目录，然后点击屏幕上你想要的图标或词语即可。如果弄错了，或者要停止当前搜索并开始新一轮的搜索，总有某个图标或键盘上的某个按键让你依次返回上一屏。

通常可以按如下条件来执行搜索：

（1）作者及标题关键词。如果你知道作者的名字，并了解全部或部分标题，就可以采用该搜索方法。例如，作者：莎士比亚；标题：仲夏。

（2）期刊名。键入期刊名，计算机就会列出馆藏期刊的各种版本。你还可以查询计算机中的全部馆藏期刊列表，查询到的信息有时会简要地描述该期刊所包含的信息类型。

（3）字词。这是非常有用的计算机工具，因为它能被用来搜索给定标题的几乎全部内容。如果键入“教育”和“英国”，计算机就会列出该领域的全部馆藏出版物列表。根据所执行的搜索，最终可能会得到数百条标题，因此你所选用的字词越具体，搜索结果就越符合你的需要。

（4）浏览模式。浏览模式是指按字母顺序浏览完整的作者、主题、视频或期刊标题列表。在对作者的名字有一个模糊的印象，但不确定他所编著的图书是否符合你的需要时，可以采用该方法。看看主题词也会对你有所帮助，因为它有时会点燃思想的火花，这些之前从未迸发出的想法会使得你在该领域的研究更加充实。

（5）个人搜索或高级搜索。该方法是指综合运用上述各种方法以查找出版物。鉴于该方法同样实用且不难掌握，因而当你掌握了上述各种方法时，就可以尝试使用该方法。不同的馆藏目录会提供不同的高级选项，但基本要点如下：

①布尔逻辑。它是指在搜索时使用特殊命令“或”。例如，若键入“男或女”，计算机就会找到所有包含“男”或“女”的词语。

②通配符。想要搜索某个词语的一部分，可以使用通配符“*”。例如，若要搜索描述“age”的全部词语（包括“ageing”、“ageism”、“ageless”等），就可以输入“age*”。

要了解更多有关搜索信息的提示，请参见表4—7“互联网搜索提示”。

2.10 CD-ROM

如今，所有的大型图书馆都安装了CD-ROM设备。CD-ROM的全称是压缩光盘只读存储器（compact disc，read-only memory）。在计算机界，词语“磁盘（disk）”通常都用字母“k”来拼写，而CD-ROM却有所差别。每一张磁盘都含有某个特定主题领域内的大量信息，它们将在你的研究过程中发挥不可估量的作用。

在大多数图书馆，你不会接触到真正的磁盘，因为所有的信息都被装载在中央计算机内，而中央计算机则与位于不同校区内的其他所有计算机联网（将一台计算机与另一台计算机连接起来的系统）。通常，用鼠标点击屏幕上显示的图标即可运行你认为有用的CD-ROM。屏幕上随之出现的图标或词语会指引你逐步进行操作。

当你掌握了操作一个CD-ROM的诀窍，运行其他CD-ROM也会变得易如反掌，因为它们都拥有类似的安装程序。大多数CD-ROM会在一开始就给出供选择的专题菜单（列表），往往以图标或词语的形式列示。既可以让CD-ROM按字母顺序显示出其包含的全部信息列表并从中加以选择，也可以输入关键字进而要求计算机搜索出与该主题相关的文章。

图书馆通常会在馆藏目录中列出其贮备的CD-ROM或印制一些包含相关信息的传单。推荐一些具体的CD-ROM是不可行的，因为这取决于你所选定的研究主题。不过，可以泛泛地提供大致的想法。表2—4列示了可能从图书馆寻获的若干CD-ROM，它们只是我所在的大学的图书馆所贮备的CD-ROM中的一小部分（见4.14节“馆藏光盘”部分）。

表 2—4 有代表性的馆藏 CD-ROM 摘录

《简·奥斯汀》
《勃朗特三姐妹》
《钱伯斯词典》
《DK 多媒体百科全书——科学》
《Encarta 百科全书》（历年）
《科学百科全书》
《欧洲面面观》
《格罗利尔多媒体百科全书》
《大家谈莎翁》
《激光图书馆——世界地图册》
《营销组合》
NERLIS
《社会趋势》（历年）
《泰晤士报》和《星期日泰晤士报》（历年）
《使用万维网》
《职业女性》
《第二次世界大战之全球冲突》
《英国手语》
《1991 年人口普查》
《时光流转》
《经济学人》（历年）
《Encarta 搜索管理器》
Europe A-Z
FT McCarthy（历年）
《卫报》（历年）
Iolis（law CD-ROM）
Keenan's Europe
《伦敦国家书廊艺术之旅》
《罗密欧与朱丽叶》
TES Bookfind
《基础人体百科》
《视窗韩国》
《世界指南》（历年）
《第二次世界大战之资源及分析》

2.11 电子日记本

如果你想防止最后关头的慌乱，并顺利地完成研究工作，那么拟定一份有关研究过程的时间表是完全必要的。既可以将其写入纸质日记本，也可以将其输入家用计算机。电子日记本程序非常廉价，不过，针对研究而言，它有利有弊。优点在于可以设置定期提醒，即告诉你到了倒数第7天、第6天、第5天、第4天等。在这一期间，每当打开计算机，屏幕上都会弹出一份警告：在某天之前应该提交某份文件。届时，你一定不会忘记这件事。

弊端在于，如果将日记保存在计算机而非纸质日记本中，记下相关日期就会有点困难。如果导师在课堂上提出了辅导约定，你就必须把它记在一张纸上，随后再转存到计算机中，而这张纸却有可能被丢失或遗忘，这正是不尽如人意之处。通过互联网将这条消息直接发送至个人计算机，或者挑选一款便携式电脑，你就可以立即将其记录在计算机中。不过，对于一个计算机“菜鸟”而言，他可能不想在这一阶段就涉足此类计算机技术。

手机

手机可以记录此类信息。如果愿意的话，你可以通过手机将所得到的消息以文本信息提示的形式立即发送至家用计算机。

WAP手机能够接入受限的互联网。它们拥有自己的计算机语言，进而与万维网上的其他计算机设备相连接。网页足够小，以便适合手机屏幕，并且你可以采用与敲击计算机键盘类似的方式按动手机拨号按键，以输入文字。

但是，如果对于此时此刻的你而言这是一项新技术，你正为如此快速地过度牵涉其中而感到惴惴不安，那么，随身携带一本纸质日记本，并在家用计算机上使用电子日记本用以就重要日期做出提醒，或许会让你感到舒服自在且信心十足。这样做还有一个好处，即该选择最为廉价。

2.12 打字技能

它让你暗自叫苦！你不久就会发现，使用两个手指敲击键盘既令人沮丧又缓慢耗时。只要你使用计算机，学习用正确的指法盲打就将会是你所学过的所有技能中最有价值的一种。在计算机上完成工作的时间长短取决于你键入指令或文本的速度有多快。如果你用两个手指打字，必然是慢吞吞的。一定会有朋友告诉你，使用不正确的手指敲击键盘也可以快速地录入，甚至还会向你演示一下。但是，凭借本人 20 年来与各种水平的录入人员一同工作的经历，我可以负责任地告诉你，他们所说的“快速”远远赶不上那些无须看键盘也几乎达到百分之百精确度的熟练打字员的速度。

一旦你教会自己不正确的指法，就很难改变业已形成的习惯，那么为何不稍微付出一些努力，争取在一开始就训练自己掌握打字员所使用的正确指法呢？这不是倡导你花费几个小时成为一名熟练的打字员，只是建议你在仍是一名新手时便掌握良好的打字技能。

你可以通过两种方法来学习打字。第一，你可以购买一张 CD-ROM 来学习打字。它们不贵，并且市面上的众多选择中总有一款适合你。缺点就是，为了学习，你必须始终盯着屏幕。在现实世界中使用计算机并非总是如此，你常常要从计算机旁边的纸张或图书中拷贝信息。在谨记这一点的前提下，它们起码会为你提供一些基础训练，即用正确的指法以尽可能快的方式来打字。

第二，可以使用教科书来学习打字。该方法有助于你在学习用正确的指法操作键盘时，将视线从屏幕和键盘上移开。市面上此类图书很多，而且同样也不贵，实际上，它们往往比光盘便宜。如果你掌握了一些打字技能，那么你永远都不会为此感到后悔。

第 3 章

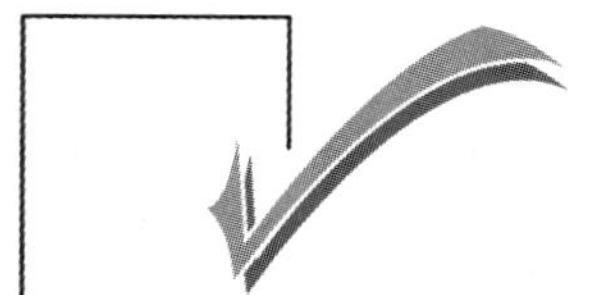

研究方法

Part A

许多颇具价值的学术研究是在对研究方法不甚了解的情形下完成的。但是，如果你肯花时间学习研究人员用以收集信息的各种方法，你将会使自身的研究经历充实起来，并更好地了解整个研究领域。事实上，如果开展研究被作为学业的一部分，你就必定要掌握研究方法。

有很多方法可被用于研究某个课题，而本书无法对各种具体的研究方法详加阐述，只重点介绍了若干主要研究方法，希望你从中获得一些符合自己的研究意图的想法。

一旦选定了几种可能的研究方法，就应当进一步阅读该领域内的材料。书后的参考文献为你指出了正确的方向，你的导师或项目负责人以及图书管理员也可以为你提出一些建议。

没有人规定只能使用一种研究方法，综合运用几种研究方法更有可能得到均衡的、重要的结论。

当你开始深入阅读有关研究方法的详细资料时，你可能会发现其所使用的语言艰深晦涩，因为所有的业内人士都使用专业术语，这会使得该领域内专家的交流轻松愉快。学术研究人员与医学界人士、法律界人士并无不同。克服这一困难的最佳方式是随时更新你的生词及其含义一览表（见 3.4 节“生词表”），并在需要时进行查阅。

3.1 定性研究与定量研究

大多数研究不是使用定性研究，就是使用定量研究。如果你查阅这两个词语在词典中的定义就会发现，定性主要指基于性质的差别，而定量则与对数量或规格的考量有关。回溯这两个词语的根源（见表 3—1）有助于理解二者的明显差别。

表 3—1 **定量和定性的一些定义**

定量	定性
• 规定的、明确的数量 • 任何事物可被测量的维度 • 大量的或相当多的数量	• 某事物的特性或基本性质 • 存在差异的特征或属性 • 优秀的程度或标准

大多数研究方法能够搭载定性方法或定量方法，抑或两者兼备，这具体取决于所选定的课题和研究过程。

Bouma 和 Atkinson 将这两种研究方法的差别简要概括如下：

两者的差别主要在于：定量研究是一板一眼的、合乎逻辑的、精确的、宽泛的；定性研究是更靠直觉获知的、主观的、纵深的。这表明，一些课题适宜使用定量研究，而另一些课题则更适宜使用定性研究。在某些情况下，这两种方法也可以综合运用（Bouma 和 Atkinson，1995：208）

3.2 定性研究

定性研究适用于研究人员所进行的非结构性面谈、生活史、观察等小型研究。如果研究人员在研究过程中与个人或一小群人保持密切联系，那么一对一的定性研究有助于更好地理解已经完成的实验。

例如，假设研究人员决定调查出生在夏季的幼儿园孩童是否因为他们的年龄而在教室内处于不利的位置，将频繁的定性访谈研究与其他方法相结合，能够使得研究人员逐渐增进与孩童的感情，并巧言诱导出一些相关信息，而采用定量方法则有可能错失这些信息。

在定性研究过程中，研究人员试图与其研究相互作用，进而产生联系并发生情感交互。特定的研究语言很可能变成第一人称。研究人员有可能把自己的价值观和倾向融入所收集的信息中。因此，如果采用定性研究，研究人员必须意识到他们自己的价值判断，力争从其他角度观察所收集的数据，并采用客观的研究方法。

3.3 定量研究

定量研究则迥然不同。它要求研究人员保持独立性，并远离研究过程，民意测验和问卷调查等适用于此类研究。从事定量研究的人员可以从一个完全不同的角度着手对出生在夏天的幼儿园孩童是否处于不利位置。可以将一份标准的调查问卷用于大批幼儿园孩童，衡量幼儿园的管理水平也可能成为研究的一部分。研究很可能彰显出一般模式，它有助于研究人员更好地解释或预测一些现象。定量研究的论文中得出的结论有可能促使研究人员从定性的角度对同一个问题展开研究。

在实践层面上，一对一类型的研究是非常耗时且费钱的，尤其在需要频繁差旅时。采用调查问卷进行研究则轻而易举，特别是当调查问卷是由计算机管理时，本书第6章将详细阐述这些问题。

3.4 生词表

当你明确地知道自己要研究什么的时候，也就到了你要选择最佳研究方法的时刻。

当你开始阅读有关方法论的资料时，你必定会面对一部全新的词典，而它很可能在一开始令你感到迷惑。表3—2简要地列出了一些较为常用的词汇及其含义。虽然它并未列出你将遇到的所有词汇，但毕竟可以作为一个起点。倘若发现了其他未知词汇，你就可以开始考虑建立自己的生词表，在表中列出生词并注明其准确含义。

表3—2 **生词表**

词汇	定义
隐秘的	看不见的（比如，处于不为他人所知的情境中的研究人员牢记所说的话语）
演绎法	通过推理得出结论
扎根理论	提升理论的一种尝试。通过细致的自然观察和对类属明确的数据不断加以比较来逐渐建立理论
方法论*	对研究技术加以分析和评价。它同样涉及自然知识：我们怎么知道？知识体系是怎样架构起来的
研究方法*	适用于处理数据和应用知识的技术。从狭义上讲，调查人员不会质疑所从事的研究的适应性的有效程度
公开的	看得见的（很多民族志工作是公开的，比如访谈、对事件或人物进行清晰的观察等）
实证主义	与自然科学采用的研究原则相同（认为只有实验研究和观察才是获得重大知识的途径）

*存在将这两个概念互换的倾向。尤其当“方法”是更为合适的字眼时，文献中便使用“方法论”一词。

3.5 有效性和可靠性

在选用任何研究方法之前都要考虑如下关键问题：你的研究是否极有可能是有效且可靠的？如果你不确定访谈对象能够构成可靠的研究，问问你自己如果其他人采用完全相同的问题进行类似的研究，是否也可以得到类似的研究结果。在正式采用访谈问题前先在一小群人中进行试点（试验），从而谨慎地对其加以检验，也能在一定程度上测量研究技术的可靠性。本书第 5 章将详细阐述试点研究。

为了让数据有意义，它必须是可靠的。想象一下，同样是国家考试采用的试卷，但不同的阅卷人在判卷时采用明显不同的标准。很有可能发生下面的事情：考生 A 成绩合格，而与考生 A 答案相类似的考生 B 却不幸名落孙山。判卷无疑会受到批评，因为它是不可靠的。

可靠性是指测量结果的一致性。例如，一项利用时钟、标尺或测量仪器进行数学计算的试验可以由不同的研究人员及调查对象重复，所获得的数据将是可靠的，比如测量办公桌以检验分配给每个人的空间是否符合《健康与安全法》的规定。无论测量人员是谁，对办公桌的测量都是相同的。

心理测试通常无法达到如此高的可靠性。你可能已经收集了有关英国社会福利的数据，还收集了一些针对访谈问题的答案。其中一位访谈对象提交的住房补贴申请刚遭拒绝，而另一位访谈对象递交的收入补贴请求亦未获批准，这些都极有可能对你所获得的答案产生影响。

研究需要力求数据的可靠性和有效性，尤其当数据会受到调查对象的心理状态、情绪或个人处境的影响时，否则，研究结论可能是毫无意义的。

数据的可靠性强，并不意味着数据一定是有效的。有效性是指测量工具是否按照设想的进行测量。一项针对 12 岁小朋友拥有的未经治疗的牙齿（未补过的牙齿等）数目统计的测试会得出有关健康牙齿的可靠数据。但是，如果该测试被用于表明定期洗牙等同于健康的牙齿，它的有效性就会受到质疑。大多数人会意识到还有许多因素也可能影响牙齿的健康程度，如饮食的含糖度或维生素缺乏与否。

有效性证实了事情的真相，并应当准确测量它所要测量的东西。精确十分必要，毕竟用一块总是慢 30 分钟的手表来告诉某人时间又有什么用呢？这块手表可以说是可靠的，但却不是有效的。

在早期研究过程中审慎地考虑可靠性和有效性是非常重要的，否则最后的数据分析将变得毫无意义。本书7.11节进一步阐释了可被最终用于测试数据可靠性和有效性的方法。

3.6 抽样

你将与谁展开研究？你首先需要构想一下哪一类人与你的研究课题相关。抽样是以极为具体地调查该类人口特征为目的从大量人群中抽取个体的过程。

在我最近接手的研究中，我要调查的是在国家教育体系中，听障人士的需求是否得以满足。作为这项研究的一部分，我需要获知那些曾接受过普通教育但不再参与其中的听障人士的意见。为此，我设计了抽样框。该抽样框是所涉及的人员列表。因为没有时间和精力与表中所列的每个人面谈，所以我进一步提炼出了一个有代表性的小样本。最终选定的参与研究的受访者覆盖了各个年龄组。受访的聋人、半聋人都是平常人，能力一般，其所接受的教育既无特别优待，也无私下付款。他们是在过去的25年里经历了某种英国国家教育的各界人士。

有许多抽样方法旨在控制抽样方法本身引起的误差，其中大多数属于随机抽样。下面列出了一些最常见的研究方法：

3.6.1 分层抽样

当抽样框中指定了某种特征时，采用随机抽样。在上面提及的研究中，样本特征之一是那些曾接受过国家教育但不再参与其中的人们。同时，我还需要听取听障人士的意见，这便是另一特征。

3.6.2 随机抽样

简单随机抽样就是利用随机数表或计算机产生的随机数来指出选取哪个名字，即通过数字而非名字来确定人选。系统随机抽样就是抽样框中所包含的每个人（或每个条目）被抽取的机会都是均等的，如在员工一览表、体育俱乐部成员清单或大学生列表中每十人抽取一人。

3.6.3 志愿者抽样

受访者均为利用传单、广播和电视节目、报纸、杂志文章或广告招募的志愿者。志愿者是自我选择的，这使得样本可能出现偏差，因此获得的信息可能无法代表整个人群，对此必须加以谨慎考虑。

3.6.4　多级抽样或整群抽样

该方法包含抽取有代表性的区域以及其他类似的区域。例如，这可能涉及在曼彻斯特、布里斯托和利物浦市中心中学的第六学级[①]进行抽样。此类研究的规模很可能远远超出小型研究所拥有的资源支撑，但这一想法可被用于抽样，·如抽取一座城市中的两三处教堂大厅所在地。

3.6.5　配额抽样

市场调研常常选用该方法，但它未必与其他抽样框一样准确或可靠。当访谈者被要求征求一定量的各类受访者的意见时采用该方法。这些受访者可能是60岁以上的妇女，或带小孩的黑人妇女。

3.6.6　雪球抽样

这个样本几乎就是在描述自己，是由受访者推荐其他可能愿意接受访谈的人员。请谨慎使用该方法，因为由此形成的样本完全不是随机得到的。

3.7　生活史研究（包括访谈）

研究一个人或许多人的生活史，可以使研究人员发现显著关系，但是存在技术问题，而且要正确地开展此类研究，还需要花费大量的时间。

在调查聋人学生融入主流教育的能力时，我就曾运用这种方法来进行研究。采访聋人，并获知其与生活、进入或退出主流教育体系相关的经历等第一手资料，是具有启发性和教育意义的。然而，在运用这一研究方法前，应当牢记以下几个因素：

（1）要仔细考虑计划中的受访者。并非每个人都是一名优秀的信息提供者，需要加以遴选。你要考察该人选是否表述清晰。他们是否别有用心（你并不想听一面之词）？两个人需要惺惺相惜，以获得彼此的尊重。如果你的意见坚定不移但与受访者不同，那么，在你的研究即将取得成功之际，你必须学会压制他们。

（2）信息提供者居住在附近将是很有助益的，而且一般情况下，忙碌的

---

① 第六学级（6th form）是英国中等教育中最具特色的一个阶段，包括中学最高的两个年级（16～19岁），大致相当于一般意义上的高中，但学生的实际学业水平要高得多，具有大学预科的性质。

人们不是优秀的信息提供者，因为他们几乎无法抽出时间。

（3）需要考虑他们希望从对自身的生活史描述中获得什么。这种描述对他们而言可能很痛苦。你只需要想一想如何与大屠杀的受害者一同完成生活史研究，就可以理解这一点了。

（4）针对敏感问题所涉及的伦理和道德问题需要加以仔细思量。受访者可能会透露信息，但随后就后悔将其告知与你，也可能不愿意吐露某些信息，而这些信息恰恰被研究人员视作将对研究的顺利进展起到决定性的作用。无论在什么时候，研究人员都要对受访者和调查对象负责，要清晰地说明研究方法，而且机密资料的后续使用也应当在一开始就纳入研究的安全措施建设之中。任何信息在发布前均应交给受访者过目，他们有权拒绝发布信息或加以修改。

（5）当他们将要告诉你一些极为私密的个人生活信息时，有些人会要求匿名。在很多情形下，仅仅在你整理的所有文件中修改真实名字是不够的，因为根据给定的信息，仍有可能猜出是哪个人。如果你不得不掩盖大量的事实真相，那么就需要问问自己这是否会使你的研究受到质疑。

在设计生活史研究时需要考虑的关键因素之一是，所提出的问题是目标明确、精挑细选的，还是开放式的。如果所提出的问题过于狭窄，而且不允许调查对象自由表达自己的想法，这很可能使最终的研究结果受限；如果听凭调查对象自由谈论各种问题，你将会发现自己需要收集大量数据，这最终会造成数据分析的困难。互动理论基本赞同后一种方法，但你可能会发现自己陷入大量漫无目的的谈话却很难把握其中的要义。生活史法概述见表3—3。

表3—3 **生活史法概述**

优点	缺点
• 它可作为证实或质疑其他说法或解释的基础 • 它能强调研究人员之前未加考虑的重要领域 • 当调查对象和研究人员互相支持时，能够取得一些通过其他方法很难获得的信息 • 如果使用调查问卷而非一对一的访谈，调查对象有可能更诚实	• 人们凭记忆描述有可能是不可靠的，或者表达的可能是片面的观点或看法 • 研究人员应当努力不去“引导”调查对象 • 问题设置要谨慎，既不能过于封闭，也不能过于开放 • 敏感问题的提出要经过认真思考，提问时也要慎重 • 非常耗时

3.8 调查研究

调查研究有很多种类，且实施调查研究原因各异。大多数人最熟悉的可能是拿着夹纸记录板的研究人员站在街角拦住路人，询问与其购买洗衣粉、茶叶等其他消费品有关的各种问题。他们将调查结果作为素材提供给大型企业的营销部和销售部。

一些调查研究始于一个假设，继而通过研究加以检验。洗衣粉制造商要检验的假设可能是，消费者购买洗衣粉凭印象而非性能，或者凭价格而非印象等。若干假设可以经由一项研究过程加以检验。

此类研究方法往往被用于大型研究项目，但也非常适用于并非一定需要假设的小型定性研究。在一开始写清目的（努力达到的目标）并征得导师或负责人的认可，有助于详细阐明研究者希望发现什么。

中学生们在研究地理位置时常常使用这种研究方法。他们可能需要找出为什么一部分人光临某家超市。在就调查问卷与老师达成一致之后，他们会站在选定的超市门外，要求顾客完成调查问卷。

在设计调查问卷时应当注意最终的数据分析。“是”或“否”的回答易于整理，尤其当你不打算使用计算机对答案进行分析时。然而，如果你不给调查对象表达意见的机会，你的研究结果很可能受限。第6章主要介绍了调查问卷的相关知识，你可以从中掌握调查问卷的组成及分析。

趋势研究是一些研究人员所提倡的设计调查方法，该方法容许人们收集一段时间的数据。Babbie将趋势研究视作对大型研究而言极为有用的工具：

可以在不同时点对特定的普通人群进行抽样和研究。虽然每次调查针对的是不同的人，但每个样本代表的都是相同的人群。盖洛普在总统竞选活动时开展的多次民意调查是趋势研究的范例。在选举的几个阶段里，抽取选民样本并询问他们将要给谁投票。通过对多次民意调查结果的比较，研究人员有可能确定投票意向的变化（Babbie，1990：51）。

完成趋势研究不一定需要有一大群人，你完全可以将趋势研究用于你所研究的特定领域。例如，如果你被要求研究公司的变革效果，以及新系统成功与否，你可以在变革前后分别就相关问题向员工提问，假如你的时间允许且在职权范围之内的话。调查研究法概述见表3—4。

表3—4 **调查研究法概述**

优点	缺点
• 可以由不止一个研究人员执行 • “样本单位”（即要调查的目标人群，如家庭主妇、牙医、青少年等）非常容易确定 • 因为信息往往是以匿名方式提供的，所以可能更真实 • 是一种快速而低成本地获得信息的方法 • 与访谈相比，精心设计编码的调查问卷更易于分析，尽管访谈更加灵活	• 为使数据分析有效且有价值，须认真设计，特别是在大量使用调查研究法时 • 社会调查包含系统地收集同类数据，但不一定适用于所有调查对象，许多有价值的信息可能会丢失 • 调查研究往往无法解释他们所描述的行为 • 存在片面解释的危险 • 所生成的数据只能泛化至涉及的人群

3.9 行动研究

要开展行动研究，研究人员通常会积极地参与到所研究的课题中，并可能寻求改变。Hitchcock 和 Hughes 将行动研究表述如下：

一般通过直接参与来就所关注的特定问题进行调查，目的是在特定情境下促成改变（Hitchcock 和 Hughes，1992：7）。

该研究方法适用于健康、种族问题、妇女权利、不平等和教育等研究领域。研究人员成为改变社会的一分子，并担当起积极分子的角色。

开展行动研究往往是因为研究人员在研究过程的早期阶段即识别出问题或两难处境。他们认为，这值得进一步调查以改善实践。此时便可建立假设，即在这种情形下如何能够改善实践。

行动研究和其他研究方法一样需要规划。需要对获得信息的方法加以考虑并实施，但主要区别之一是，研究人员努力以各种方式促成改变，并且不再被视作“脱离”研究过程。行动研究法概述见表3—5。

表 3—5　行动研究法概述

优点	缺点
• 可被用于引发变化 • 可突出新的行动方向和研究进程 • 研究人员和调查对象都可能感受到意识的提高 • 可能收获真知灼见	• 研究人员可能密切参与到进程中 • 偏差的可能性 • 要求研究人员时间充足、精力充沛

3.10　观察

出于某些原因，观察不是最容易的研究方法。无论研究人员是否为观察对象所知悉，只要“在那儿”就会改变他们的行为。想想一场足球比赛中当观众知道电视摄像机正对准自己时做出的反应。如果他们认为没有人在看的话，他们还会对着摄像机摆手、激动地呼喊、重复高歌、伸舌头吗？

3.10.1　参与观察和非参与观察

采用观察法所进行的研究主要分为参与观察和非参与观察两种类型，它们分别有各自的问题。非参与观察的观察员不参与正在发生的事情但加以记录，参与观察的观察员在亲身参与一些活动的同时观察他周围发生的事情。

如果你正在考虑开展非参与观察，你需要在一开始问自己几个问题：

（1）它有可能被该群体接受以使你能够观察正在发生的事情吗？

（2）在深入了解该群体后，你能依然保持公正吗？

（3）获得的信息具有代表性吗？

（4）你将如何记录所表述的内容？

（5）你会在一开始就告诉该群体你在寻找什么吗？

参与观察的观察员对正深入研究的群体很了解，对有关人士也很熟悉，因此常常不能客观地看待所有观点。上面提出的一些问题也同样适用于参与观察的观察员，例如，即使在加入该群体以后，观察员也可能发现参与观察很难被接受。

对于年轻的观察员来说，实地观察有时会平添许多困难，无论它是参与观察还是非参与观察。一些年轻的女性研究人员可能正面临着不受重视的问题，尤其是在以男性为主导的环境中。然而，有时这会起到反作用，并且，年轻的女性研究人员会比男性研究人员和成熟的女性研究人员更容易接近该群体，特别是当她长相漂亮、惹人喜爱时。

3.10.2 记录正在发生的事情

客观地记录你所看到的事情可能是有困难的。如果你长期观察一群人及他们之间的合作，你可能会和他们混在一起，并难以在记录中保持公正。如果事先知道参与者，你就会预先准备一些相关人员的内部知识，这将导致你的记录存在偏见，并忽视一些显而易见的事实。

实证主义者认为，只有实验研究和观察才是大量知识的来源。支持这一观点的研究人员对人类行为做出假设，并采用观察法来对假设加以检验。例如，人们普遍认为，小女孩玩洋娃娃要多于小男孩。其中的原委暂且不提，仅就该假设本身，我们可以通过观察教室里的小朋友们在可以自由玩任何玩具时的选择来加以检验。研究人员可以草拟一份一览表，用以记录在某一时段内每次玩洋娃娃的是小男孩还是小女孩。知悉玩的时间长短和如何玩（一些小朋友可能会搂着洋娃娃，另一些小朋友则可能会猛敲洋娃娃的头部或把它当做足球踢来踢去）也同样有用。这使得研究人员可以将其发现进一步细化，例如以何种方式对待洋娃娃取决于小朋友的性别。

在卫生行业、监测领域也可以进行类似的研究，例如，判断某些病人是否比其他病人需要更多的照料，可以基于对年龄、性别乃至病房中病床位置的考虑。

可以通过在办公室里进行观察来了解吸烟者是否因为需要在工作时间频繁地吸入尼古丁从而使得其每周工作时间比不吸烟者短。还有，与男性相比，由女性进行电话销售是否会促进电话销售，观察为什么会这样（如语调、非对抗的方式等）有助于雇主实施一个更有效的培训方案。对行为及其相互影响加以记录并非易事，而且准备工作是取得圆满结果的关键。当某事发生时，一些人使用网格并标记，而另一些人则采用复杂的图表来记录他们的调查发现。假设一位研究人员正在研究会议中的沟通问题，以提高有效性并减少用于讨论的时间，那么他可能会编排座次表，即以易于辨认的形式安排相关人员的座次。用字母A代表委员会主席，用字母B代表委员会秘书，以此类推。每当委员会主席和委员会秘书交谈时，研究人员就可以在座次表上的秘书姓名旁边草草写下一个A，以表明谁和她交谈过。这并不容易，因为研究人员需要做好应对意外状况的准备——当不止一个人开始讲话、所有人都在讲话或茶歇时发生了什么情况?

记录"隐秘日程"及发生的非语言行为不属于观察研究的范畴。在观察某一情境时，来自外部的研究人员不了解人们之间潜藏的工作关系，竞争、对立和友情在未公开显露出来时无法为人所知，而它们完全可以改变人们对所发生的情况的理解。

利用摄像机或磁带记录观察，使得研究人员拥有更好的捕捉线索的机会，而如果不是纪实的需要，这些线索很可能会被遗漏。但不是每个人都喜欢被拍摄或录音，他们可能不准许你这样做。研究人员还必须考虑到设备的存在将会对参与者的行为产生影响，并且可能改变将要发生的情况。

在着手开展小型定性调查时，观察研究最好与辅助研究方法一同使用。观察教室里的儿童并于晚些时候进行个别访谈，可能会推动研究进展，从而使得研究人员获得更为深入详尽的信息。观察法概述见表3—6。

表3—6 **观察法概述**

优点	缺点
• 为研究人员提供"局内人的观点"——有机会看到人们的实际言行 • 参与观察者能够发现被研究群体的优先事项和关注点 • 在一些情形下，宽泛的社会观察可能是收集信息的唯一途径，比如谁被怀疑或被敌视 • 能获悉详细信息 • 能观察到更自然的行为 • 能得到针对社会环境的总体看法	• 研究人员的存在可能会改变被观察对象的言行 • 观察样本通常规模较小——一个人无法同时观察每一件事 • 观察会引发道德问题，特别是暗中观察 • 耗费时间 • 当时可能很难记录观察发现 • 缺乏对被观察对象的控制 • 观察往往是描述性的而非解释性的 • 观察者的可能倾向 • 可能涉及的道德问题

3.11 案例研究

“案例研究”这一术语看起来令人困惑，由于此类研究已被用于众多学科，因此对于不同的人来说，它的意义也不尽相同。

一般说来，案例研究将文档记录用于更宽泛的用途，这些文档本身并没有特殊的吸引力，但如果将其置于更广阔的背景下，就有可能使调查分析更加明晰。“个案史”详尽地表述了一种社会现象，它可能是对如火车碰撞等事故进行研究的成果。通过比较文档记录和碰撞事故的调查发现，重要的社会指标可能会凸显出来，旨在提高安全性的规划也将得以实施。这种深层研究不属于小型研究项目的范畴。

有了“案例研究”这个总括性术语，便可以综合采用多种研究方法。文献记录可以同访谈法和行为研究法一起使用。但是，大多数案例研究是围绕着个别事件或案件展开深入而详尽的研究的。

Blaxter 等人认为案例研究非常适合承担小型研究的研究人员的需要和财力：

它容许甚至支持研究人员集中研究一个案例或仅仅两三个案例。一家公司、一个志愿者组织、一所学校、一艘船舶、一座监狱都可能是研究人员的工作地点、与他们有关联的另一个机构或组织。还可以集中研究一个人或一小群人，如同就高层管理者是如何取得领导地位的开展生活史研究或分析一样。

如果要求你研究为什么某一地区的社会福利工作者遭受了负面报道，你可能会决定采取案例研究的方法。你也许可以调查对该地区产生影响的特殊情况，或者社会福利部门人员的具体问题。搜集过去的报刊文章和来自社会福利部门的报告（如果他们允许你查阅的话）有助于知悉相关的背景资料。之后，你可以通过阅读相关的政府文件和社区机构的报告来拓宽你的资料来源。你常常会发现，一篇文章中的知识会把你带往另一个资料来源，就像侦探从一个线索前往下一个线索，不断探寻，以侦破案件。

你可能决定使用访谈技巧和案例研究法探求相关各方的见解。你对形势的分析和评估可能集中于所涉及的特定个体，并从而断定，他们对新闻报道的认识和处理是薄弱环节，而不是社会福利部门的指导方针。或者也可能是，根据自身的经验和知悉的相关背景，你意识到社会福利部门制定的会计制度或报告程序不完善，这将成为你的主要关注点。案例研究法概述见表3—7。

表3—7 **案例研究法概述**

优点	缺点
• 案例研究可以反驳概括性陈述或使概括性陈述更加具体 • 它往往强调新的见解或观点 • 作为初步研究，它有时能形成一些观点和研究重点 • 它会透露一些详细信息 • 它经常会显露一些不合伦理的或不切实际的事情，以便采用其他方式进行研究 • 在长期临床应用中，研究人员能够探究变量及相关关系 • 案例研究常常以定性的描述性数据为基础，因此很可能集中于丰富而详细的个别分析	• 受到范围限制 • 不可复制，因此不适于作为归纳概括的基础 • 案例研究对重要变量缺乏控制 • “历史”研究可能不具有代表性或不是典型的 • 可能有失偏颇 • 案例不具有代表性，因而研究结果也不是一般化的 • 研究人员有时很难保持客观，因为他与调查对象的关系日益亲密

3.12 实验法

在研究工作中，有些时候你知道或者预感到一系列事件可能互有关联，这就给了你提出假设的机会。

如果你的假设科学严谨且可测量，那么该方法极易实施。事实上，对于许多人来说，一提到“实验”就会浮现出这样的场景：一位穿白大褂的科学家在实验室里运用科学仪器来证明某事，或指出它是错误的。当变量可控时，如在实验室里，实验法是一种理想的研究方法。例如，研究人员可以通过让其承受各种可测压力来度量金属疲劳。

但是，许多人严重质疑该方法在被应用于人类时依然有效。Taylor等人简明扼要地解释了这个问题：

这在一定程度上是因为人们依据情境界定而行动。他们很可能把实验室定义为人工情境并据此行动。因此，他们的行为与其在“真实”世界中的行为迥然不同。

3.12.1 因果律

例如，研究人员可能希望检验意志力是否对消除轻微病症有所助益。这是一个可衡量的研究过程，并且曾有人对该领域进行过研究。大家都知道下述针对防治感冒而开展的研究工作：首先将有偿志愿者隔离并故意注射感冒病毒，随后让他们服用各种药物或对病症既无效又无害的安慰剂。

然而，这一方法也有其自身的问题，而且似乎存在着比上述范例更加无规律的可能。人类行为的差异、个人不顾病痛坚持到底的精神、含糊不清的语句以及人们完成问卷调查的能力不同等因素都会对随后的研究结果产生影响。

研究工作内部的因果关系可能会被忽略，比如有些人因被注射感冒病毒而“意识到”平常忽视的病症，因为他们在努力寻找。或者，因果律也有可能超出当前的研究范围，因而，除非研究是完善的且进行得非常完美，否则很难得出确切的结论。

吸烟是另一个有大量文献可供参考的研究领域。不过，或许你会有一种预感，鉴于在工作场所使用健身器械的员工已经主动意识到自身的健康问题，因此他们大多是不吸烟的。你可能希望鼓动管理者为烟民提供一些帮助，比如整套健康意识培训、针对戒烟的实际支持、鼓励使用健身房以长期促进身心健康等。这不仅能帮助烟民戒除烟瘾，而且还能鼓励那些需要节约吸烟休息时间来工作的修理工。

估量去健身房的人数并将其划分为烟民和非烟民是非常容易的。获悉烟民是否有兴趣去健身房并戒烟也是非常容易的。但是，员工为什么吸烟、是否是工作环境导致该问题的出现或加剧、健身房的老用户是否会因新成员可能占用器械的使用时间或破坏健身房中当前的舒适环境而持不欢迎态度，诸如此类的因果效应将会是一项艰巨的研究任务。

3.12.2 现场实验

现场实验是在自然环境下而不是在可控的实验室中完成的。例如，在一项实验中，一位打扮成流浪汉的演员假装迷路并打听方向，继而又立刻打扮成玉树临风的年轻人并重复询问了相同的问题。可以记录大众的反应，因为实验是在自然环境下进行的，这些很可能是他们在真实生活中的行为。实地研究因而被认为具有某种程度的"生态效度"。

实地研究在精心安排的大型情境下行之有效，但对这种情境加以管理可能成本高昂且耗时颇长。但是，即使不是真正深入的研究，只要仔细考虑一切可能原因均得以突出强调，就没有理由认为承担小型研究工作的研究人员不能采取其中的一些步骤。

实验法概述见表3—8。

表3—8 **实验法概述**

优点	缺点
• 当变量在实验室环境中可控时有用 • 实验室使得实验者能够更加精确地对行为加以衡量 • 实验室研究易于复制 • 现场实验使得人造情境的创建成为可能	• 道德思考——"愚弄"人们是正确的吗（比如把安慰剂用于感冒病毒研究） • 如果有人员的参与，结果将是不精确的 • 当有人员参与时，行为很可能是假装的、做作的 • 实验法往往涉及志愿者，他们所做出的反应很可能与非志愿者不同

3.13 选择哪种研究方法

决定采用哪种研究方法是艰难的抉择，特别是当你从未参与过研究的时候。本章讲述了一些可供运用的研究方法，建议你进一步深入阅读那些令你感兴趣的方法。拓展阅读导引附在书后的参考文献中，你的导师和高校图书管理员也将会为你提供帮助。请记住，你不必只运用一种研究方法，综合运用几种方法有助于阐明并充实你的研究结果。

选择一种研究方法并不意味着在整个研究过程中都必须一以贯之。如果当你开始考虑研究的可行性时发现它并不适用，那么，请不要再继续运用该方法。在应用中获取的知识并不是毫无用处的，它既有助于完善研究，还能激励你掌握新的研究方法。

Part B

3.14 使用文字处理

在研究过程初期你依然在考虑采用何种研究方法的时候，正是掌握文字处理基础的绝佳时机。整理参考文献、写信以及开始构思最终研究报告的依据，这些本领都是极为有用的。

最有效地记录信息所需的基础技能就是娴熟地运用文字处理器（仅次于准确地操作键盘，参见2.12节“打字技能”部分）。大部分高校使用微软办公软件，因此在大学校园里，你将要使用的很可能是某一版本的Word软件。在家里使用同样的软件是非常实用的。

- 你仅需学习一种文字处理软件。
- 家用计算机需要与大学的设备相兼容。这将使你能够顺利地在家里或校园里访问以前保存的文件，无论它是在家里保存的还是在学校里保存的。
- 警告：谨防病毒。如果同一张磁盘被插入不同的计算机，病毒就有可能被带入另一台计算机（参见下文）。
- 你能够在学校中便捷地打印预先在家里保存的文件（这是必不可少的，如果你没有打印机的话）。

查杀病毒

病毒在计算机中作恶多端。例如，通过篡改某个字符等手段引起程序混乱，如将“a”改为“3”，那么所输入的就会变成“3nnoying to s3y the le3st”。它甚至还会彻底摧毁程序。

你可以购买专门的杀毒软件，把它安装在家用计算机上以检查并清除已知病毒。许多教育机构设有杀毒中心，负责在你离开计算机部门之前查杀磁盘中携带的病毒。一些学校坚决要求在你进入计算机部门之前检查磁盘，以免你糊里糊涂地把病毒带入它们的电脑中。

3.15 与研究密切相关的文字处理功能

有可能你已经在一台计算机中使用不同的文字处理软件。使用两种不同的软件包来建立你的研究文档不是没有可能，只是多少会存在一些问题。你很可能主要使用家用计算机来完成研究报告。

本书无法就如何运用各种文字处理软件的功能给出详细的讲解，因为它们功能各异。建议查阅软件附带的说明书或你可能拥有的在线帮助工具，也可以在当地书店里寻找相关的辅导书。

下面列出的操作与研究工作的进行密切相关，最好加以学习。如果你使用的是 Word 软件，那么针对绝大多数功能的详细说明可以在本书中找到。

- 打开文件
- 修改文本
- 保存文件
- 检索已保存的文件
- 以新的文件名保存检索数据（从而完整保存原始文件）
- 改变字体、字号
- 突出重要内容（加粗、下划线、倾斜）
- 自动编排页码
- 使用拼写和语法检查（虽然在这方面不应该完全依赖于计算机的准确性）
- 字数统计工具（一般有字数要求）
- 剪切一部分文字并复制至别处（剪切和粘贴）
- 把一部分文字移至该文档的其他地方
- 把一部分文字移至其他文档
- 采用各种对齐方式（左对齐、右对齐、居中或分散对齐）
- 添加自动编号
- 改变行距，特别要学会使用2倍行距和单倍行距
- 改变页边距
- 采用缩进技巧
- 打印整篇文档
- 打印一页或多页文字
- 将文本按字母顺序排列

- 新建文件夹或子文件夹（有时称之为目录）。从严格意义上讲，这不是文字处理功能，详见下节。

假如你开始了解并掌握了将要使用的文字处理软件，你将能非常轻松地生成研究报告，因而最好尽早对此展开学习。

3.16 文件夹（或目录）

想象一个放置各种纸质文件的普通文件柜。如果全部文件都被杂乱无章地丢进抽屉里，那么很难找到某份特定文件。最好文件柜的每个抽屉里都盛放已做出相应标记的悬挂式文件夹或文件袋，以便日后将各种文件材料正确归档。如此一来，以后再检索这些信息就将不费吹灰之力。

计算机也是一样。如果你没有真正考虑按逻辑顺序来保存文件，那么，从长期来看，这就是给自己制造麻烦。在计算机世界里，人们将其称为“内务处理”，它在某种程度上与料理家务有几分类似。

如果在研究进行伊始即创建专属文件夹用于记录每个具体领域的工作，并且始终把相关工作存放至相应的文件夹中，那么，从长期来看，这将为自己节省大量时间。例如，在研究社会工作实践的过程中，可能需要列出下面的目录：

- 访问——信函和问题
- 分析
- 参考文献
- 案例管理
- 目录页
- 电子邮件条目
- 家庭（一起工作的）
- 小组（一起工作的）
- 指标
- 资料介绍
- 互联网项目
- 访谈

- 杂项
- 调查问卷
- 记录保管（加上文献综述）
- 研究范围
- 研究报告
- 理论与实践

如果这些文件夹在研究或项目一展开就得以创建，那么每当形成相关文件时，即可将其存放在合理的文件夹中。例如，请求进入某栋大楼的信函可以直接存入“访问”；而从互联网上下载的信息起初则要存入“互联网项目”。最后，在脱机浏览（即不再为用电话线接入互联网而支付费用）时，如果有多余的时间，就可以细致地阅读文档，并将其转至更相关的目录下。无论你使用的是哪一种软件，你都可以在任何阶段新增一些目录，或删除毫无用处的目录，因而关于名称的最初设想并非一成不变。

如何在计算机上创建文件夹

以针对社会工作实践的研究为例，你必须进行若干一对一的访谈，经当地社会福利部门的准许参与网络会议，审视小组工作。除此之外，你还必须收集 50 份填妥的调查问卷。因而，计算机目录可能大致如图 3—1 所示。

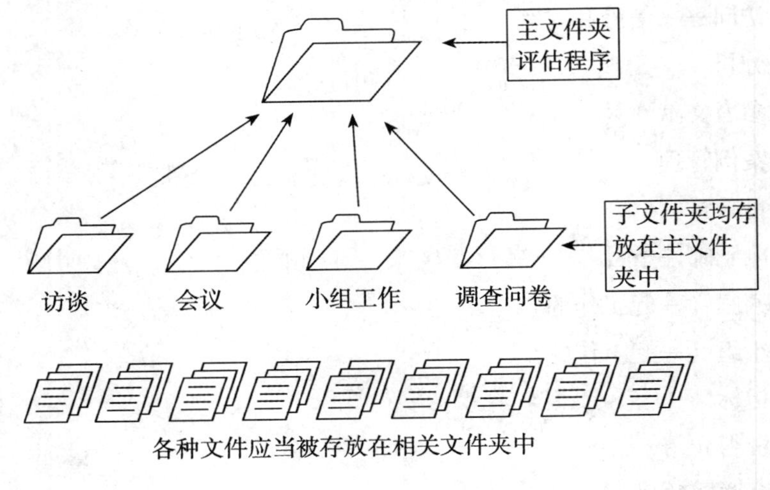

图 3—1 计算机目录示意图

为了运用文件夹或目录，你需要了解你的计算机系统。如果你使用的是最常见的微软系统，那么你可以通过依次单击“我的电脑→D 盘→文件→新建→文件夹”来完成该操作。

在创建文件夹之后，你需要练习保存和检索操作。

1. 保存文件至文件夹

（1）“文件”→

（2）“保存”（或“另存为”，如果文件已保存但有所更新，同时希望完整地保留原先文件的话）→

（3）“另存为”（选择相关的磁盘，如 C 盘）→

（4）双击选定的相关文件夹→

（5）键入恰当的文件名→

（6）单击“保存”。

2. 在文件夹内检索已保存的文件

（1）“打开”→

（2）查找范围（选择相关的磁盘，如 C 盘）→

（3）双击选定的相关文件夹→

（4）双击适当的文件名。

在研究过程中越早掌握文件夹的运用，研究工作及最终分析就会变得越容易。

3.17 扫描

你所在的公司或高校所提供的计算机设备中很可能有扫描仪。你一旦体会到把文章或图表直接从纸面复制到计算机中的轻松，就一定希望在家中也拥有一台扫描仪。如今，扫描仪非常便宜，而且与所有计算机技术一样，就所支付的价格而言，似乎能买到越来越多的硬件或设备。

这几乎与使用复印机一样容易，只需把要复制的内容放在平板上，合上盖子，再按照各种屏幕提示（显示在屏幕上的图像或文字，逐页告知你下一步要做什么）操作即可。接着，屏幕上立刻会出现一个副本，可以将其保存至软盘（以便带回家或在另一台计算机上使用）或存在研究所用的计算机中。

扫描的好处就在于，既能为你省去大量的副本输入工作，还能将图表、饼图、图解准确无误地输入计算机，以纳入调查研究。然而，有些文章不适合扫描，特别是当要对文本加以修改时。相对于扫描文本而言，扫描图像的技术更加多样。如果在扫描工作中遇到问题，最好咨询计算机技术人员，以防万一。

你需要列出不属于本人工作成果的参考文献，以便在需要时提取图书或文章的详细信息。这将在日后为你免去大量烦恼。要获知更详细的信息，请参见4.2节“列举参考文献与编制书目”。

3.18 做记录与列举参考文献

作为研究过程的一部分，你需要列出或总结自己阅读过的所有内容，无论最终的研究论文中是否有所引述。如果随着研究工作的进展坚持记录上述信息，日后你将省去一项耗时费力的工作。

当阅读有关不同研究风格的资料时，你可能会发现一些与自己将要开展的研究相关的信息。你也可能想引用其中的部分内容，如果是这样的话，你就需要做一份详细的记录。以往，研究人员常常把记录写在单独的索引卡上，不过这种列举信息的方法已陈旧不堪且极为费时。假如你把记录存在计算机中，你就能在记录图书详细信息的同时编制自己的书目（图书或其他相关资料一览表）。

若要在最终书写研究文档时回忆起书中的一些信息，或者想要引用书中的某些内容，抑或只是记录读过哪些书（让那些评估研究工作的人员知道你的阅读广度），那么，你可以将这些信息保存在文字处理文件中，这是最简单的方法。要完成这一工作还有其他计算机方法，而本书旨在为菜鸟提供尽可能简单的做法。

首先创建一个文件夹并命名，比如“图书和文章”，它将会提醒你，这个文件夹从现在起将要保存任何你想要保留的图书或在未来可能用到的信息。你也许想要在“图书和文章”这一主目录下创建子文件夹，存放与你的研究领域类似的主题。就本书而言，可能涉及如下子文件夹：

- 有关既有研究的图书
- 有关方法论的图书

- 有关调查问卷的图书
- 互联网文章
- 期刊文章等

同时，创建另一个文件夹，将其命名为“书目”。随后，你就可以开始起草书目文档，并随着研究的进展不断更新。

3.19 做记录

让我们假设你阅读了一本社会学方面的图书，其中一章把家长作为教育工作者来探讨，而这些内容触动了你并使你兴趣盎然，因为它们可能对你的研究有参考价值。该章共有10页，其主要观点是，为了让孩子们顺利地接受教育，家长一定要理解并努力成为学校所认为的优秀家长，还要了解教学日程并在家完成。你不赞同这个理论，并且认为这种关注是有缺陷的。

需要记录并保存在“有关教育社会学的图书”目录中的信息可能如表3—9所示。

表3—9 **需要记录并保存在“有关教育社会学的图书”目录中的信息**

主题	把家长作为教育工作者
作者姓名	Bloggs，J. A.
出版年份	2001
书名	教育社会学
版本	第1版
出版商及出版地	Palgrave，贝辛斯托克
在哪里找到图书	大学图书馆
杜威编号	370.002

我的评论：

第3章（第47页向前）指出，为了成为合格的教育工作者，家长必须了解子女的家庭作业，知道现行的政府倡议。家长只有关心、鼓励和帮助子女，理解他们，才能成为优秀的教育工作者。他们无须知道家庭作业或政府做事的思路。找到研究证据以支持这种看法！

日后可能引用的内容：

“如果不密切注意教育的进展状态，家长就不能很好地为子女指明正确方向。”（第49页）

此时，你也许还想扫描这一章的部分内容，以便最后在开始汇编所有研究资料时能够回忆起更多的细节。

在掌握所有资料后，你会知道全部详情，如果有必要的话，在即将书写研究论文时，你可以再次借阅这本书并重读该章。假如在阅读更多的资料后，你依然坚信自己的评论是正确的，并且已临近详细描述研究发现的时刻，那么，你可以在适当的地方直接把细节写进来，而不必参与更多的工作。

第4章

收集数据

Part A

研究工作中所收集的数据主要有两种：一种是历史数据，来源于背景材料，如文字记录、光盘、视频、计算机全文资料库、信件、图纸等；另一种是原始数据，来源于研究过程、访谈获得的信息、填妥交回的问卷等。本章主要介绍历史数据，它在生成原始数据之前便可收集到。

4.1 数据来源（原始数据和二手数据）

鉴于书面材料并不一定正确，所有的数据资料也并非有同等价值且同样可靠，如果资料存在错误或不准确，那么建立于其上的研究也同样毫无价值，并且这将使你浪费大量时间。

所有的数据要么来源于原始资料，要么来源于二手资料。原始数据是绝对可靠的，比如原件、个人信件、目击实录、公函、会议纪要，实际上是在事件发生当时被写下来或记录下来的。二手数据主要是在事件发生后生成的，能够被写下来或说出来。

如果一位朋友告诉你他必须去医院做膝关节手术，这就是原始资料，因为你是亲自获知这一信息的。假设随后另一位朋友告诉你又有一位朋友正在医院接受髋关节和膝关节置换手术，这就是二手资料，你会看到时间和流言如何形成了不可靠的二手资料。

研究工作的价值有时取决于你离获得原始数据有多近。你离原始资料越近，它作为证据的价值就越大，但是你可能永远无法确定原始数据或二手数据是准确无误的。最好尽可能从各方面收集数据，如此一来，你将会得到最佳的背景证据。如果你在研究过程中遇到基于前期证据的工作，同时也看看前期证据。辅助工作可能是准确而有效的；前期证据也许会使你得到更多的重要信息，而这些信息在最初被写下时是无法获得的。但是，最好加以查核，这些额外的查核工作可能会被全部写入研究报告以证实你的研究发现。

4.1.1 数据有用吗

永远不要不加批判地接受文件来源。作者或作品可能别有企图，以某种方式编写可能是出于政治、宗教或个人的考虑。如果可能的话，你需要针对此事找到两方面的说法。

报纸上的报道有时不准确或存在偏见，它可能努力说服读者此事或彼事是不公平的或不公正的，或者也可能努力说服读者此事或彼事是公平的或公正的，并以最佳的方式描述该事件。不要只看到一份报纸的观点，要和其他报纸相核对，还要看看国外媒体是如何报道的。这将使你对该事件的两种对立观点同等重视。

最后留意一下你自己的成见。你是否在寻找证据以支持自己的观点呢？你是否对那些起初看似与你的感觉不一致的资料置若罔闻呢？你需要展示一种均衡状态，即使随后设法说服读者赞同你的观点，否则你的研究工作将是不可靠的，而且几乎没有什么用处。

4.1.2 缩小你的研究范围

如果幸运的话，你会得到一份阅读书目，这将是你的出发点。如果已选定研究课题，你就需要到图书馆搜索相关资料。搜索相关文献的提示见下文，并重温本书 2.3 节“初始文献检索”和 2.9 节“使用电子版馆藏目录”。就你所要搜索的内容拟订一份计划纲要。限制你在起初获得的资料，将有助于你关注重要的方面。

搜索相关文献提示

- 你首先要决定的是，自己想要参考的是否只是在英国公开发表的材料。日后，当这些材料不够的时候，你可能想要拓展自己的研究，但是，当前不需要太多的材料，因为每天的阅读时间非常有限。

- 列出一份可能的研究术语列表，以供在使用馆藏目录之前运用。假设研究主题是“workplace stress（工作压力）”。“stress（压力）”便是需要搜索的关键词，不过还要想到该词的同义词。我曾使用同义词词典（该词典收录含义相同或相近的词汇）查找“stress”一词的其他含义，并找到了7个同义词。我进一步察看了这7个词条，它们或为名词，或为动词，含义都与“stress”相同。只要书名中包含这7个词条中的任意一个，就有可能令人感兴趣。同时，再横向思考一下。一篇阐述福利制度中的成本问题的文章可能被归入政府财政支出。
- 你还要决定，自己想要阅读的只是在最近三四年中公开发表的文献，还是也包含许多年前的资料。你无法阅读所有内容，因而最好先缩小阅读材料所涉及的领域，以后再不断拓宽阅读范围。
- 如果你已经查阅到所选定领域内的一些图书和文章，可以翻看末尾部分的参考书目，这也有助于进一步查找该领域内的其他文献。书后的参考书目中会列出一些图书的作者和标题，这些图书往往与该书所涉及的主题相关。

如果在坐在馆藏目录前已做好充分准备，你将为自己省却大量毫无成效的研究时间。

4.1.3 参考并记录出版物

一旦你拥有图书或杂志，就必须牢记以下两点：

（1）不要陷入繁杂的信息中。

（2）就你读过的资料做详细记录（参见3.19节“做记录”部分）。

你并非为了消遣而阅读，也不能过于频繁地把注意力转移到不重要的资料上来。如果你想让研究工作在不过于焦虑的情形下继续开展，那么，在这个阶段训练自己在出版物的索引中查找关键字，并仅仅选择适当的章节加以阅读。

如果你发现感兴趣的内容，不要依赖于记忆力，请把关键要点输入你所记录的资料中，或复印并突出标记日后在详细描述研究文档时将会重温的相关内容。

4. 1. 4　获得信息的其他来源

表 4—1 列出了一些可能的出发点。至于重要的在线资源，该表中并未涉及，而是在本章 Part B 中列出。并非全部大学图书馆和大型公共图书馆都提供全部图书，但是大多数图书馆提供其中部分图书，而且经验丰富的图书管理员能够为你指出相关信息的其他来源。

表 4—1　**获得信息的来源及搜索途径**

来源	到哪里搜索
百科全书	一些图书馆列出了馆藏百科全书，它可能有助于延伸阅读。但是，随着光盘版百科全书的面市，许多纸质版百科全书看起来未免太陈旧了
英国皇家文书局（HMSO）的出版物	HMSO 的出版物是正式的、真实的，其中大部分留存在图书馆。如果在图书馆中没有找到此类资料，可以致电距离最近的 HMSO 商店（多数大城市中设有该商店，电话号码可在电话簿中查找）
报纸（当期的和过期的）	多数图书馆拥有当期报纸，而参考图书馆存有过期报纸。《英国人文科学索引》（British Humanities Index）登载摘自各类报刊的实用文章，非常值得一读
官方报告和政策	许多报告以主持整个调查工作的负责人的名字命名。例如，玛丽·沃诺克（Mary Warnock）主持了一项针对“特殊教育需要”的研究并于 1978 年提交了研究报告，即如今广为人知的《沃诺克报告》（Warnock Report）。 图书馆协会发布的一系列文件具有一定的参考价值，其中包含这些报告的索引。可以请求图书管理员协助查阅 Ford 摘要、选择列表和 Ford 列表。另外，HMSO 发布的月度和年度目录中也包括此类信息。上述两类 Ford 出版物的详细情况均可在书目中找到，不过，图书管理员还可以提供 Ford 出版物的全部清单及其涉及的年份
官方统计资料	英国统计学期刊主要包括《每月统计辑要》（*Monthly Digest of Statistics*）、《金融统计》（*Financial Statistics*）、《年度统计摘要》（*The Annual Abstract of Statistics*）、《社会动向》（*Social Trends*）和《经济趋势》（*Economic Trends*）。但是，就收集最新的统计资料而言，互联网是最有效的途径
英国议会文件集及其索引	议会议案、下议院文件等可能留存在图书馆（尤其是大学图书馆），HMSO 也能获得这些资料。19 世纪《下议院议会文件主题目录》（*Subject Catalogue of the House of Commons Parliamentary Papers*）（Cockton，1988）是一份最完整可靠的资料。一些图书馆以微缩胶片的形式存有该资料。 由下议院图书馆的公共信息办公室发布的《每周情报通告》（*Weekly Information Bulletin*）记述了上周议会事务的具体情况。其中还列举了即将处理的事务以及最新的议会出版物。 《英国议会议事录》（*Hansard*）一字不差（逐字逐句）地记述了英国议会的议事程序

续表

来源	到哪里搜索
大型上市公司和政府部门发布的政策公告	这些内容往往可以通过 HMSO 或英国公共档案馆（PRO）获取，尽管并不一定是由它们出版的。还可以向图书管理员索取《英国政府出版物目录》（COBOP），该目录经常更新，而且兼有印刷型索引与关键词索引，有助于搜索特定领域的资料
专题出版物	对于任一领域内的研究来说，都有许多颇具价值的出版物，比如英国社会保障部（DSS）选编的《社会服务文摘》(*Social Service Abstracts*)、《英国教育索引》(*British Education Index*）以及美国同类出版物《教育索引》（*Education Index*）等。可以向图书管理员咨询与研究主题相关的各类出版物的具体细节

4.1.5 视频、音频、艺术资料

非纸质资料的获得有两种途径：一是在研究过程中亲自生成原始数据，当参与访谈或观察研究时获得音频或视频资料；二是把历史数据的收集作为背景调查的一部分，背景调查很可能包含视频证据、音频、商业美术或插图。

如果可以用视频或音频设备对观察加以记录，研究人员就拥有了抓住线索的绝佳机会，而这些线索有可能在没有实际记录的情形下被忽略。但是，并不是每个人都喜欢被拍摄或录音，他们可能不允许研究人员这样做。研究人员同样还要考虑设备的存在对参与者产生的影响及其对所发生的事情引起的改变。

4.2 列举参考文献与编制书目

一经完成对一本书的记录工作（参见3.18节“做记录与列举参考文献”部分），就应该立即打开书目文档，并输入该书的细节。请记住，书目就是关于某一主题的图书或其他材料的简要列表。

4.2.1 哈佛体例和温哥华体例

学术界通常采用两种参考文献注释体例：哈佛体例（Harvard System）和温哥华体例（Vancouver System)。两种体例的主要区别在于参考文献的先后次序及列示，即温哥华体例在每个引文之处做出脚注，它会给出被引用图书的更多细节，而哈佛体例则往往为大多数教育机构所偏爱。

但是，还有一些完全被认可的体例。在形成自己的书目和研究论文之前，你最好询问一下书目的列示所要求的“印刷体例（house style）”。如此一来，你从一开始就拥有了所有必要的信息和正确的次序，这将省却日后的核对工作，如补充遗漏的图书信息或调整各项目的顺序。一定要保持一致性，不应当将各种体例混合使用。

4.2.2 参考一本图书（比较哈佛体例和温哥华体例）

在书目中运用哈佛体例和温哥华体例所需记录的被引用图书信息次序如表 4—2 所示。

表 4—2 **哈佛体例与温哥华体例比较**

哈佛体例	温哥华体例
1. 作者的姓名，姓在前	1. 作者的姓名，姓名缩写或名在前
2. 图书出版年份（用括号括起来）	2. 书名（有时用斜体或引号标记）
3. 书名（有时用斜体或引号标记）	3. 出版地
4. 出版地	4. 出版机构名称
5. 出版机构名称	5. 图书出版年份（用括号括起来）

哈佛体例：

Brown，David （1999） *A Guide to Action Research.* Molton Keynes，Open University Press.

温哥华体例：

David Brown. *A Guide to Action Research.* Molton Keynes，Open University Press（1999）.

4.2.3 参考图书中的一个章节

图书有时由多位作者合著，每本书都有一个中心思想，各位作者均围绕着这一中心思想在其专长领域挑选该书的一章来进行编写。该书的主编会将每位作者编写的章节汇总起来加以总纂。如果你只参考了其中的一章，那么需要记录如表 4—3 所示信息。

表4—3 **哈佛体例与温哥华体例比较**

哈佛体例	温哥华体例
1. 该章节作者的姓名，姓在前	1. 该章节作者的姓名，姓名缩写或名在前
2. 图书出版年份（用括号括起来）	2. 文章名（往往用引号标记）
3. 文章名（往往用引号标记）	3. 编者的姓名
4. 编者的姓名	4. 书名（往往用斜体标记）
5. 书名（往往用斜体标记）	5. 出版地
6. 出版地	6. 出版机构名称
7. 出版机构名称	7. 图书出版年份（用括号括起来）

哈佛体例：

Brock，David（1996） ‘20th Century Fox’ in Judy Mail and Ron Nelson（eds）*Clinema Today*. London. BBC.

温哥华体例：

David Brock. ‘20th Century Fox’ in Judy Mail and Ron Nelson（eds）*Clinema Today*. London. BBC（1996）.

最终形成的书目需要按照作者姓的字母序排列，因此，如果你可以自行选择，在用计算机填写和排列书目的各条目时，哈佛体例使你能够按作者姓的字母序将其排列。这是另一项非常重要的工作，如果手工进行的话，将会非常耗时。

是用斜体、引号或下划线标记书名，还是在各项信息间用句号或额外的空格隔开，一般来说都由自己选择，除非你正为之进行准备工作的研究人员对所列示的内容有明确要求。不管你选择的是何种体例，都要保持一致性，因为这对于书目列示的有效性及其看起来专业与否至关重要。

4.2.4 参考期刊中的一篇文章

在参考期刊中的一篇文章时，通常需要如表4—4所示信息。

表4—4　　哈佛体例与温哥华体例比较

哈佛体例	温哥华体例
1. 作者（姓在前） 2. 出版日期（用括号括起来） 3. 文章名（往往用引号标记） 4. 期刊名（往往用斜体标记），包括卷号、期号（如果适用的话）和页码	1. 作者（名在前） 2. 文章名（往往用引号标记） 3. 期刊名（往往用斜体标记），包括卷号、期号（如果适用的话）和页码 4. 出版日期（用括号括起来）

哈佛体例：

Huchison，Steven （1999） ‘Software in Action’. *Microsoft Advantage*. 1 (10)：15 – 20.

温哥华体例：

Steven Huchison. ‘Software in Action’. *Microsoft Advantage*. 1 （10)：15 – 20 （1999）.

一些人在页码前加上“pp.（页）”，但这不是必需的，除非你想要这样做或得到明确指示。

4.2.5　参考同一位作者在不止一部出版物中的内容

如果你想要引用同一位作者的两部书稿，将其按图书出版时间（日期）的先后顺序一一列出。如果该作者在同一年里出版了两本图书，加上后缀“a”或“b”即可，如Brown（2000a）和Brown（2000b）。适当的后缀同样也应当被用于研究论文的文本页面。

4.2.6　正文中的参考资料

与在工作完成时提交的书目中列明所引用的图书和文章一样，你还要声明那些不属于自己的文字、统计资料、摘要或引述，同时简要说明你使用了他人的观点、理论、数据等。

1. 简要引用另一位作者的工作成果（哈佛体例）

如果你使用哈佛方法，作者的姓和出版年份应该被包含在内。例如，如果为写作把家长视作教育者而简要引用某位作者的工作成果，那么所陈述的内容大致如下：

Bloggs（2001）认为，除非家长们意识到政府的问题，否则不可能是优秀的教育者。我个人不同意这种说法，我认为Smith（2000）更接近事实真相，这是因为……

通过上面的例子可以看出，所需声明的内容通常是一个连续的句子的一部分，无须使用引号或缩进。

2. 详尽引用另一位作者的工作成果（哈佛体例）

如果你用到另一位作者的观点或直接引用出版物中的内容，那么还需要在作者姓名和出版年份的基础上增加页码。直接引用的段落应当缩进。

Bloggs（2001）从教育能力的视角给出了一种另类的有关优秀家长的观点。他认为，中等收入的家长更可能拥有必要的能力来说服老师，允许他们为在家里成功地教导子女发挥重要作用。但是取悦于老师和家长并非对小学生最有利。他提出了下面的论点：

"小学生们在某种程度上是学校和家长的牺牲品，因为他们难以两面讨好。发现自己处于这种情形下的孩子们所承受的压力有时被迫陷入取胜无望的境地，这将迫使他们放弃争论。"（Bloggs，2001：49）

请注意双引号的使用（英文中有时要求使用单引号），此外还要附加被引用内容所在位置的确切页码以供参考。

如果你并非直接引用作者的原话，只是用到了他们的观点，那么所列示的内容不必使用缩进。请注意下文也没有用到引号，因为这些都是你自己的语言。

Bloggs（2001：49）从教育能力的视角给出了一种另类的有关优秀家长的观点。他认为，中等收入的家长更可能拥有必要的能力来说服老师，允许他们根据学校的课程和教学方法，为在家里成功地教导子女发挥重要作用。他进一步指出，孩子们被迫处于不得不取悦于老师和家长的境地，这并非对孩子们最有利。孩子们可能由于发现自己无法取得胜利而放弃尝试。

3. 正文中参考资料的温哥华体例

如果注释使用温哥华体系，那么必须用脚注标示出作者信息。脚注应被放置在引文或摘要所在的段末。有时也使用尾注，它被放置在参考资料所在的章末。

如果使用文字处理工具，那么这一工作易如反掌，使用 Microsoft Word 软件添加脚注和尾注的详细介绍参见 4.9.8。如果使用的是其他软件，可以通过在线帮助或使用手册查找脚注和尾注。但是，脚注的陈列会使人眼花缭乱。有人认为，对于翻阅图书正文中的完整内容来说，脚注会分散其注意力，尤其是当每页页脚处均列示出若干图书时。

当一本图书的每一章分别由不同作者编写，而这些作者在章末给出参考书目的具体情况时，使用尾注的方式列示出版物的详细信息是很实用的。

如果我们虚构的社会学一书中使用脚注，那么结构大致如下：

Bloggs 从教育能力的视角给出了一种另类的有关优秀家长的观点。他认为，中等收入的家长更可能拥有必要的能力来说服老师，允许他们根据学校的课程和教学方法，为在家里成功地教导子女发挥重要作用。但是取悦于老师和家长并非对小学生最有利，孩子们会发现自己陷入取胜无望的境地，这将导致孩子们放弃尝试。[1]

请注意在引文末尾使用编号，以上角标标注。与之相匹配的注释位于页脚处，比如，John A. Bloggs. *Education Sociology*. Palgrave：Basingstoke （2001） p. 49。每个脚注可能以序号或符号列示出若干图书。

4.2.7 使用哈佛体例还是温哥华体例

在研究报告的格式方面，你有可能无法自行选择。关于研究报告的格式，教育机构或雇主可能有固定的理念，不过它很可能在某种程度上是基于哈佛体例或温哥华体例。

如果你在这方面幸运地拥有选择权，请务必保持一致性，不要混合使用两种体例。诸如参考文献著录中的双引号、单引号、句号的使用等细节问题一般可由你自行决定，只要在使用过程中保持一致性即可。但是，一些教育机构对此有所规定，因此请在写作研究报告之前加以核实。

4.2.8 引用非印刷资料

当参考的是非印刷资料（如录音带或录像带等）时，采用与印刷出版物类似的格式。使用的具体介质（如电影、磁带等）需要列示在注释中。比如：

Coppola，Francis Ford（Director） （1997） *The Godfather Part II.* （Film） Paramount Pictures.

4.2.9 参考文献著录格式的一致性

如果你的论文采用手写方式，最终还需要某人帮你生成一份磁盘稿。你一定想让自己的研究论文看起来专业一些，方法之一就是保持参考文献著录格式和版式设计的一致性。如果你在写作的过程中始终保持一致性，那么从长远来看，这将使得打字员可以在更短的时间内完成手稿的录入工作（参见4.9.9“参考文献著录格式的一致性”）。

Part B

4.3 互联网与图书

那些依赖于在互联网上搜索信息而不去查阅图书或其他形式的出版物的学生们正日益令人担忧，但这并不是说在互联网上搜索相关信息就是不好的，只是需要加以权衡。

馆藏目录比网站要详尽得多。认为网上可以找到一切资料，这是一个误解。但是，你确实可以找到很多信息，而互联网便是途径之一，尤其是最新信息。关键在于对收集来的信息加以考量、分析和批判，无论信息是来自纸质文献还是来自在线资源。

4.4 抄袭

这是你的工作成果吗？全都是你的工作成果吗？或者平心而论，你不得不承认，有一小段是复制的，有一幅图是从互联网上下载的……哦，天呐！如果你在作品上署名，就意味着它是你写的，而事实上有一部分却是从其他地方挪过来的，这正是所谓的抄袭，也就是剽窃。在这种情况下，你或许会获得称赞，但是更应该遭到批评。抄袭是不正当的。如果他人未经许可便复制你的作品，你会作何感受？至少会不高兴吧。

剽窃他人的想法同样也是不道德的。Turner强调，胸怀理想的作家们都会遇到这样的问题：何时将自己的原创想法送交出版社和广播电视公司？Turner引用作家Frederic Raphael的一篇文章，文中提到了他在与友好的、大献殷勤的电视导演享用一顿昂贵的“头脑风暴”午餐时发生的小摩擦，据说这是发生在就 Frederic 编写的一部新电视剧的进展状况进行探讨时。

我一直在被欺骗。为了这个根本没有提交过的项目，我废寝忘食、呕心沥血、不收分文。我的想法如今还在文档中，而他人却记住了我多嘴的建议，并且未经我的确认正要加以利用。还好在最终接到资深制作人打来的电话后，我没有被完全击垮。他告知说，部门主管叫停了整件事情，而他则从“我们”的经历中“学到”了很多（Turner，1994：417）。

当事人已经提请法律诉讼并呈交了未经许可而使用其想法或建议的证据，被告人是像 BBC 一样著名的公司。该公司已经对当事人由此产生的损失和费用做出补偿。由于作家有著作人身权，因而使用其作品和想法的人们应当对他们表示尊重。

在互联网上找到相关信息并下载供自己使用，确实易如反掌，但是你必须对作者表示尊重。4.9 节“查阅在线资料”详细地讲述了如何引用所下载的信息。确保自己确实做到了这一点，没有将他人的成果据为己有。

4.5 版权

版权的基本原则之一就是版权所有者有权决定他人如何使用其作品。你需要获悉版权所有者是否许可他人复制（见 4.5.3“版权和 HMSO”）。

4.5.1 复制自互联网

互联网受版权的约束。单个网页可能受制于多项版权，如图形、声音、文本等方面的版权。如果要复制整个网页，你必须得到每位版权所有者的许可。

如果要复制一个网页中的一部分并将其粘贴到作品中，同样需要得到版权所有者的许可。这件事情是轻而易举的，我发现，大多数版权所有者愿意授予许可，特别是当网页为具有宣传性质的公司网站的组成部分时。当说明了复制的资料构成研究计划的一部分时，通常能够获得许可。

如果要询问一个网页的复制许可，你要做的全部工作就是向有关网页的管理员（或所有者）发送一封电子邮件——绝大多数网页上都有邮箱地址——但在此之前，你需要查看一下许可未被自动授予。一些网页含有无须申请许可即可打印部分或全部文本的信息（看看页面底部以小号字标示的细则）。有关如何复制的详细内容参见 4.8.3“从网站上保存或打印资料”。

网站上如果没有复制许可，有时则会放置一项法律公告（legal notice）或法律信息。此类信息通常出现在页面底部。网页中放置法律公告的实例见图 4—1，下载自 http：//www. macmillan – africa. com。

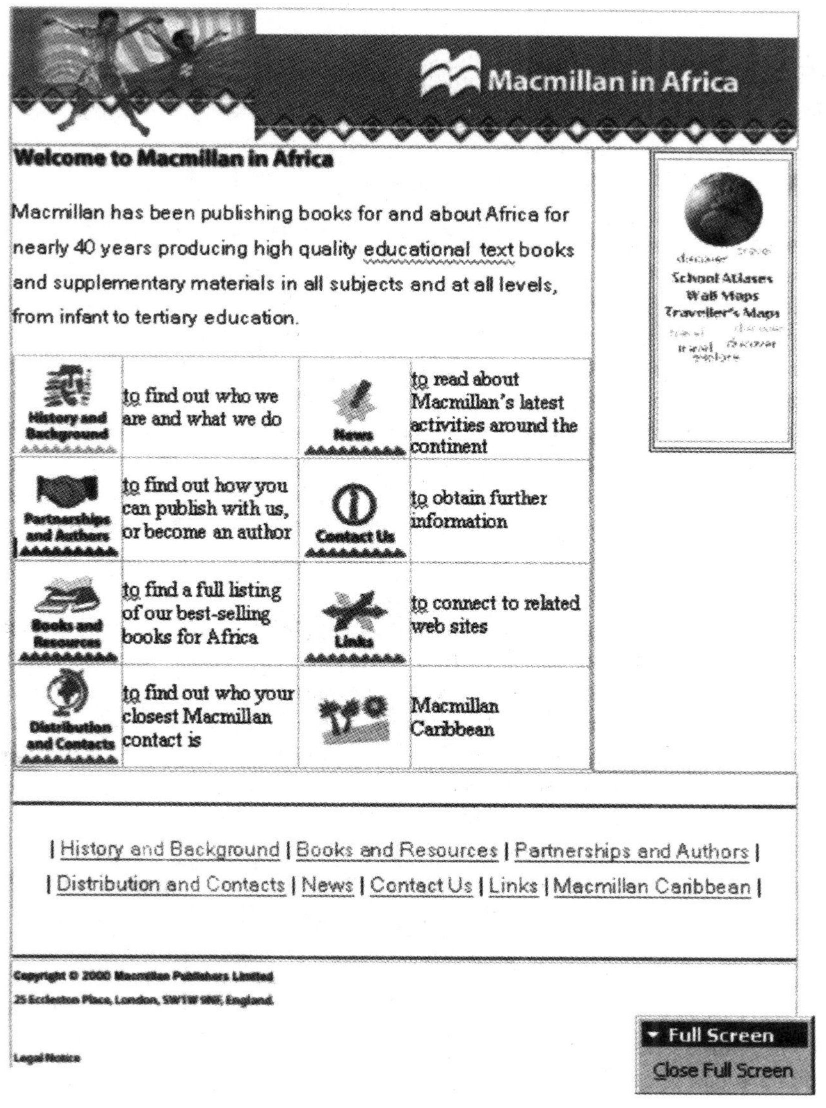

图 4—1　经麦克米伦出版有限公司许可展示的网站主页

（http：//www. macmillan – africa. com）

在网页左下角可以看到版权符号©，紧接着是网页所有者的名称——Macmillan Publishers Limited（麦克米伦出版有限公司）。下面便是“Legal Notice”的字样。光标在移至该词时，便会由指针变为小手状，表明这一标题包含更多内容。用鼠标的左键单击（光标依然是小手状），就会出现另一个网页（见图4—2）。该网页说明了 Macmillan 网站的版权。现在，你可以通过写信给 Macmillan 或单击“Contact Us（联系我们）”来申请该网页的复制许可。

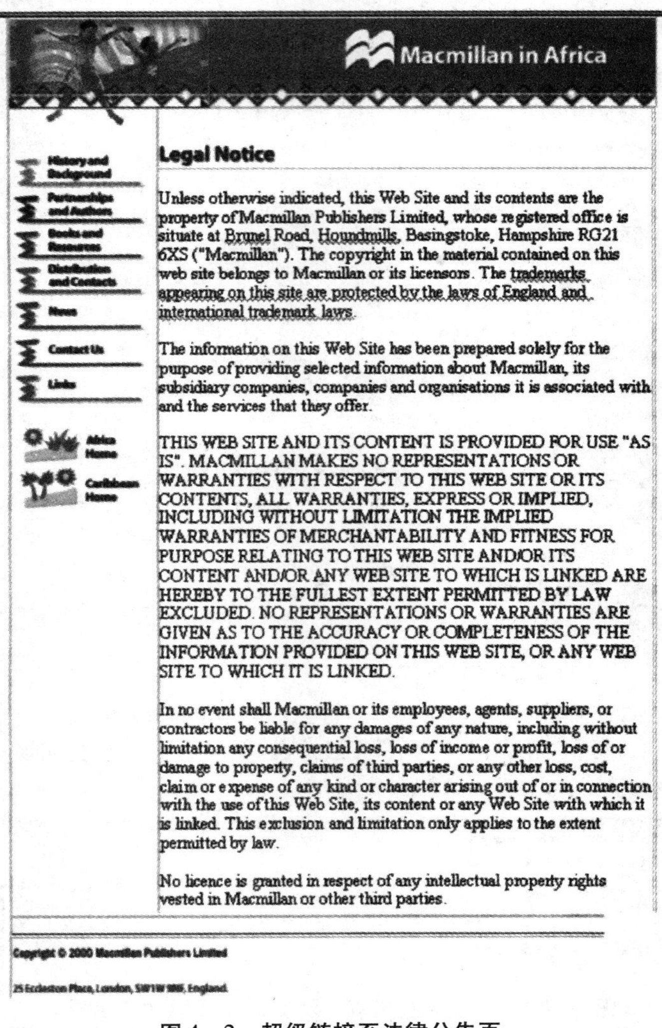
Macmillan in Africa

History and Background
Partnerships and Authors
Books and Resources
Distribution and Contacts
News
Contact Us
Links
Africa Home
Caribbean Home

Legal Notice

Unless otherwise indicated, this Web Site and its contents are the property of Macmillan Publishers Limited, whose registered office is situate at Brunel Road, Houndmills, Basingstoke, Hampshire RG21 6XS ("Macmillan"). The copyright in the material contained on this web site belongs to Macmillan or its licensors. The trademarks appearing on this site are protected by the laws of England and international trademark laws.

The information on this Web Site has been prepared solely for the purpose of providing selected information about Macmillan, its subsidiary companies, companies and organisations it is associated with and the services that they offer.

THIS WEB SITE AND ITS CONTENT IS PROVIDED FOR USE "AS IS". MACMILLAN MAKES NO REPRESENTATIONS OR WARRANTIES WITH RESPECT TO THIS WEB SITE OR ITS CONTENTS, ALL WARRANTIES, EXPRESS OR IMPLIED, INCLUDING WITHOUT LIMITATION THE IMPLIED WARRANTIES OF MERCHANTABILITY AND FITNESS FOR PURPOSE RELATING TO THIS WEB SITE AND/OR ITS CONTENT AND/OR ANY WEB SITE TO WHICH IS LINKED ARE HEREBY TO THE FULLEST EXTENT PERMITTED BY LAW EXCLUDED. NO REPRESENTATIONS OR WARRANTIES ARE GIVEN AS TO THE ACCURACY OR COMPLETENESS OF THE INFORMATION PROVIDED ON THIS WEB SITE, OR ANY WEB SITE TO WHICH IT IS LINKED.

In no event shall Macmillan or its employees, agents, suppliers, or contractors be liable for any damages of any nature, including without limitation any consequential loss, loss of income or profit, loss of or damage to property, claims of third parties, or any other loss, cost, claim or expense of any kind or character arising out of or in connection with the use of this Web Site, its content or any Web Site with which it is linked. This exclusion and limitation only applies to the extent permitted by law.

No licence is granted in respect of any intellectual property rights vested in Macmillan or other third parties.

Copyright © 2000 Macmillan Publishers Limited

25 Eccleston Place, London, SW1W 9NF, England

图4—2　超级链接至法律公告页
（http：//www. macmillan－africa. com/copyright）

4.5.2 合理使用——是指什么

英国版权法律的相关规定见1988年《著作权、外观设计和专利法》(Copyright, Designs and Patents Act)。该法案规定，允许复制一些用于研究或个人学习目的的资料。

该法案第29条针对研究或个人学习的合理使用做出规定，但并未明确定义"合理使用"，而是留待法院来决定。不过，该法案指明了不属于合理使用的情形，比如多次复制同一篇作品，即便是用于研究目的。因此，不要从互联网上复制资料，而要发放调查问卷。

合理使用准许在教学或研究的情形下使用受版权保护的材料。比如从互联网上获得的信息，只要是用于课堂教学，就符合合理使用的规定。如需获得更多信息，请登录http：//www.cla.co.uk/www/internet.htm。

4.5.3 版权和HMSO

1999年3月，英国皇家文书局（HMSO）宣布，允许无限制地复制某些类别的皇家版权材料，以鼓励有兴趣的人士大量参阅和广泛传播。HMSO发布信息的形式包括公共记录、法律法规、知识普及、统计数字和政府新闻公告。它们将在研究过程中助你一臂之力。如需获得更多信息，请登录http：//www.hmso.gov.uk。

4.5.4 《数据保护法》

1988年《数据保护法》（Data Protect Act）与存储在计算机中的数据相关，旨在保护个人。该法案内容宽泛，涵盖了大量的议题及领域，其中之一便是用于研究目的的数据，比如，该法案规定，有关个人资料的信息处理仅用于研究目的。

该法案第II部分第7条详细地规定了个人数据的权限，不过，第33条针对研究所用的数据列出了一些不适用于第7条的免责情形。下文给出了一些摘要，简洁地介绍了其中包括的若干比较重要的议题。不过，强烈建议你看一看该法案的规定，以便了解所提出的要求的合法性。

1988 年《数据保护法》——用于研究、历史和统计的数据

第 33 条规定摘要：

1. “研究目的”包括历史研究或统计目的。

2. 与个人资料处理有关的“相关规定”是指：

（1）资料处理不用于支持某个人的措施或决定；

（2）资料处理方式丝毫不会给任何资料主体造成重大损失或带来重大困扰。

3. 为第二项数据保护原则而对个人资料进行的进一步处理在仅用于研究目的且符合相关规定时，不可认为其与获得资料的目的相悖。

4. 个人资料在仅用于研究目的且符合相关规定时，方可（即使第五项数据保护原则另有规定）无限期维持下去。

5. 在同时具备下列情形时，仅用于研究目的的个人资料处理不适用于第 7 条：

（1）资料处理符合相关规定；

（2）研究结果或由此产生的统计数字无法据以识别出资料主体。

如需获得更多信息，请登录 http：//www. hmso. gov. uk/acts/act1998/800029 – e. htm。

4.6 互联网——理解资讯

可以在线获得的信息是无穷无尽的。公司网页提供了各类信息，如产品、企业伦理和方针政策等；教育机构网页介绍了它们的特色与课程信息，其中一些还展示了精巧的迷你课程；而个人网页则承载了一些娱人娱己的内容。所有这些信息被夹杂在聊天热线和众多广告中随处可见，以至于互联网看起来令人眼花缭乱。

一些人指责互联网上充斥着大量不值一提的细枝末节，但事实真相并非如此。是的，互联网上的确有许多令人愉快的废话和网站让你兴味索然，但其他人却可能兴趣盎然。这些毫无意义和颠三倒四的话语中蕴藏着对研究人员来说价值连城的信息。

只要有耐心并稍加练习，你就能成功地在互联网上获取信息，如果懂得一点网络寻址知识，将更有助益。网址通常以“http：//”（专指超文件传输协议（hypertext transfer protocol））开头。不过，现在的浏览器不要求键入这一词组。

通常，紧接着就是“www”（万维网（world wide web）），然后是你要试着登录的特定地址（可能是公司名称）。公司名称之后是详细的域名，即类别代码或国家代码。

网站有时分为若干主题领域，比如一个英国的学术网站，其网址中会有类别代码“ac”。表4—5列出了一些应当了解的类别代码。

表4—5 **类别代码一览表**

类别	代码
学术	edu
学术（仅适用于英国）	ac
商业、公司	co
商业、公司（通常是大公司或跨国公司）	com
政府网站	gov
国际组织	int
网络（或负责网络的组织）	net
非营利组织	org
学校	sch

上述类别代码一览表中的内容正在迅速增多，所以，一读完本章，请立即运用互联网（登录http：//news. bbc. co. uk/hi/english/sci/tech/newsid1027000/1027321. stm）搜索新的域名。

表4—6列出了五个国家的国家代码。

表4—6 **国家代码一览表**

国家	代码
澳大利亚	au
法国	fr
德国	de
爱尔兰	ie
英国	uk

假设网址是 http：//www. presentations. com，无须登录便推理可知这是一家大型公司网站。同理，http：//www. hmso. gov. uk 是英国的政府网站。

如果参考资料中有确切的网址，那么只要将其正确地键入浏览器（搜索引擎）的地址栏再按回车键即可。市面上有各种浏览器可供选用，在英国各大研究机构中，微软 IE 浏览器和网景浏览器（Netscape Navigator）人气最旺。这种人气反映了整个世界的流行趋势，可以通过使用各种浏览器的人数来测量。此外，在键入网址时要非常小心，不应当出现空格和句号，要和原文一模一样。

4.7 互联网——搜索信息

要想在互联网上查找信息，就要使用搜索引擎。各类搜索引擎不胜枚举，但最受欢迎的有雅虎、Lycos、Altavista 和 Galaxy，这些名称对于你可能并不陌生。搜索引擎是一个网页，而非软件，无须购买并装载到计算机中。如今，任何一台计算机都能进行网上冲浪。大多数搜索引擎能筛选出与预先输入的搜索条件相吻合的网页。

4.7.1 载入另一个搜索引擎

毫无疑问，你的计算机有一个默认的搜索引擎，如果它无法满足你的要求，或者你想尝试另一个搜索引擎，请打开计算机中的浏览器（在购买计算机时，业务员可能已向你展示如何打开浏览器）——很有可能的是需要点击桌面上的图标。如果你使用的是微软 IE 浏览器，其图标是一个大的蓝色的。

在点击这一图标后，将会显示出如图 4—3 所示的页面。先点击“Address（地址）”一词后面的矩形方框，输入图 4—3 列出的搜索引擎地址，再按回车键，雅虎主页就会出现在屏幕上，如图 4—4 所示。

乍一看，雅虎搜索引擎的界面令人眼花缭乱。对于新手而言，它似乎有点混乱，但稍加练习便很快就能学会把注意力集中到相关的地方。如果手中没有确切的网址，就可以使用搜索引擎来查找关于特定主题的资料。比如，假设你对健康领域颇有兴趣，想要获知更多有关人体骨骼的资料，那么只要在搜索框中简单地键入“人体骨骼”，再按回车键（或者单击“搜索”或“go”），计算机就会找到可能包含相关信息的网页。

图4—3　点击 e 后显示的页面

图4—4　经雅虎公司许可展示的雅虎页面

不久之后将会出现一份有待访问的网站列表。每次点击其中的一个网站，就会看到自己所需要的信息。在很多情况下，一个网页会链接（即超链接）到另一个网页。通过点击这一链接，你会看到另一个网页上的信息。有时这是非常有用的，有时你也会发现，通过超链接转到的网页是根本不相关的。

当你在互联网上进行搜索时，你很容易被转移视线，但这是非常有趣的，尽管比较耗时。你可以单击屏幕上的“Back（后退）”图标（见图4—6），以便回到最开始的网页，也可以展开一项新的搜索，这些都轻而易举。

当键入“Bristol student（布里斯托尔 学生）”这一搜索条件时，雅虎搜索引擎展示的信息的第一页如图4—5所示。

4.7.2 回溯网页

如果你想返回之前在屏幕上显示过的网页，只需用鼠标单击“Back（后退）”图标（如图4—6所示）。每次单击都会使其重返曾经浏览过的网页。

4.7.3 搜索具体词汇

在搜索信息时会遇到的一个问题是，除非搜索词非常具体，否则搜索结果中将会列出成千上万个可能相关的网页。依次点击这些网页以确认其是否相关非常耗时。要解决这个问题，就要使得所输入的搜索条件尽可能精确。如果你知道对于骨骼健康的疑问集中于骨骼失调或骨骼结构，请试着先搜索此类具体词汇。假如得到的搜索结果不甚理想，再尝试着搜索其他比较笼统的词汇，这将会比较轻松。

4.7.4 搜索提示

与讲求准确性一样，还有一两件事情有助于更准确地找到自己所需的信息。无论关键字的首字母大写还是小写，大多数搜索引擎都能识别出来。表4—7列出的一些搜索提示有助于你更迅速地找到具体信息。

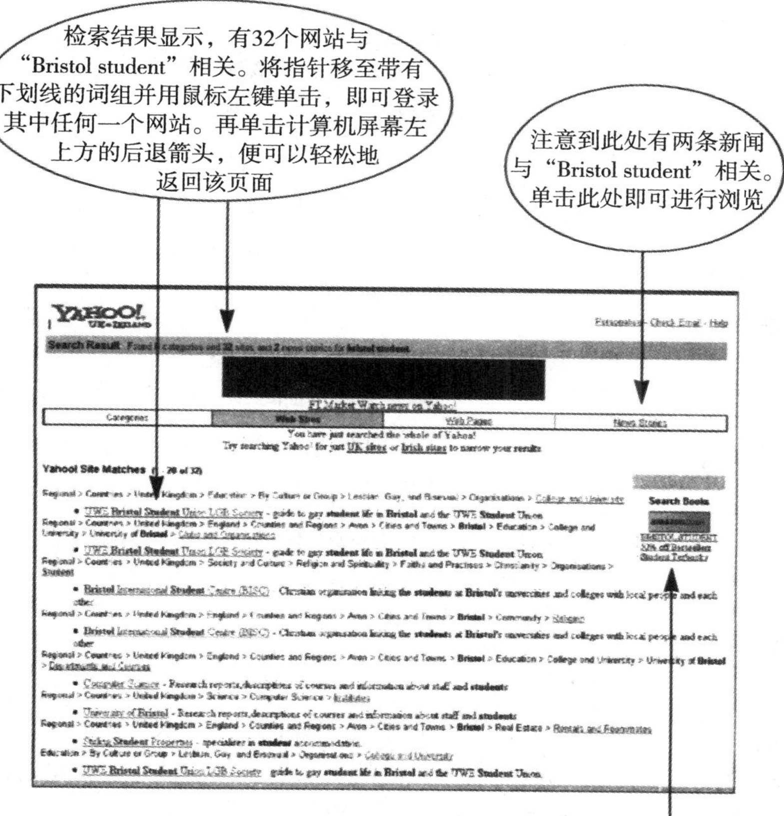

图4—5　雅虎搜索引擎展示的信息的第一页

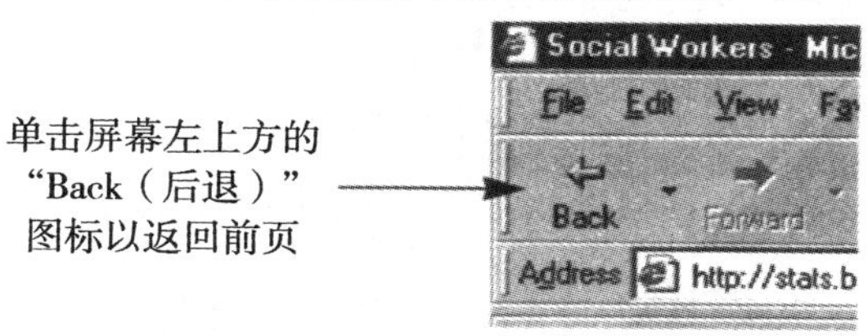

图4—6　“Back”图标

表4—7 互联网搜索提示

宗教+新—美国	词前使用“+”号，表明搜索结果中必须包含该词，而“—”号则表明搜索结果中不应当包含该词
妇女 儿童 贫穷	当输入此类“字符串”时，搜索结果中既可能包含全部三个词，也可能包含其中任意两个词，还可能只包含任意一个词
+妇女+儿童+贫穷	当使用“+”号时，搜索结果中包含全部三个词
“国防部”	若把相连（相邻）的词用引号标出，计算机则会将这些词视作一个完整的词组
interview*	星号（*）可以作为通配符使用，意味着计算机可以找到末尾不同但均以此为词根的词，比如 interviewed、interviewing、interviews

一些搜索引擎略有不同，例如 Google 不识别“AND（和）”与“NOT（不）”（“+”与“—”），但在搜索完毕后提示“相关搜索”。你会很快发现自己所偏爱的搜索引擎的特征。

4.7.5 不准确的网页

另一个将会遇到的问题是文章的质量。每个人都可以把文章放在网上，而你则必须丢弃那些不适用的或没有意义的文章。这与使用书面材料时遇到的情形一样，因为任何人都能写一本小册子或打印一些不准确的资料。

如果你依然记得类别代码（见表4—5和表4—6），那么首先只需点击那些网站详细列表中提及的网址，你就不会将时间浪费在搜索毫无用处的信息上。

4.7.6 其他搜索引擎

网上有很多搜索引擎，其中大多数拥有已被进一步细分的主要学科领域。大多数搜索引擎提供仅搜索英国网站的服务支持，在很多情况下，这是一个很好的起点。之后，便可以“看看全球”。下面是一些普通搜索引擎：

http：//www. google. com

http：//www. altavista. com

http：//www. hotbot. com

http：//galaxy. com

http：//www. excite. com

http：//www. infoseek. com

http：//www. lycos. com

4.8 标记有用的网站

当你找到有用的资料并认为这些内容值得回顾时，可以加以标记——将其添加到收藏夹中。于是，承载这些资料的网址便会被保存下来，日后需要时即可快速登录。

下面详细介绍如何使用 IE 浏览器标记有用的网站，其他软件也类似。比如，在网景浏览器中，要找的是“Bookmark（书签）”而非“Favorite（收藏）”一词，即先单击“Bookmark（书签）”，再单击“Add bookmark（添加到书签）”。

在使用 IE 浏览器的情况下，要想把屏幕上显示的网站添加到收藏夹中，那么首先要做的就是单击屏幕左边的“Add（添加）”一词，随后便会弹出“Add Favorite（添加到收藏）”对话框（如图 4—7 所示）。

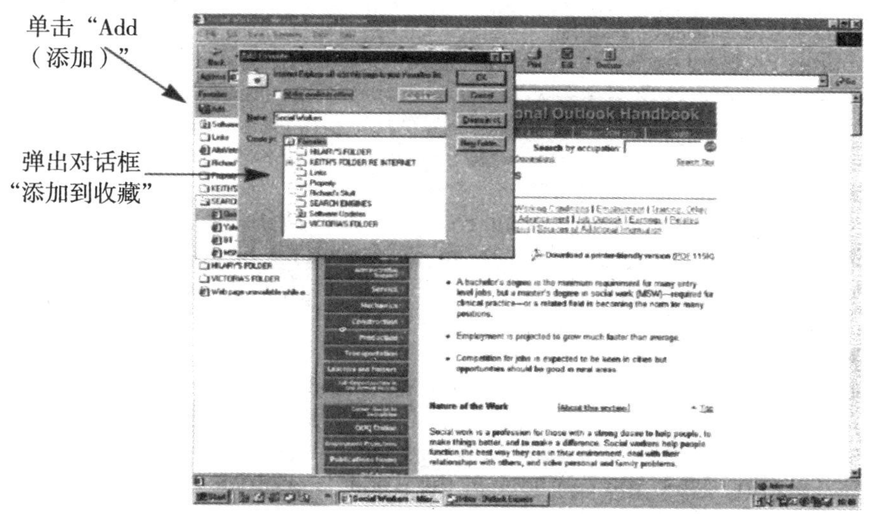

图 4—7　单击“Add”后弹出“Add Favorite”对话框

假如收藏夹中已经创建了若干文件夹，则会出现一份收藏文件夹列表。此时，你可以看到一个文件夹名称，即被保存下来有待日后点击的网页名称（通常以蓝色突出显示），之后单击“OK（确定）”（如图 4—8 所示）。

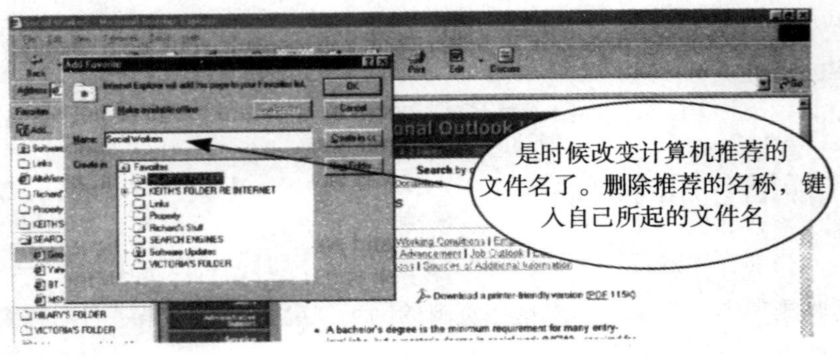

图 4—8　将网站保存在收藏夹中适当的文件夹里

确信该网站被保存在收藏夹中适当的文件夹里之后，你可以继续在网上进行搜索。

4.8.1　在收藏夹中新建文件夹

如果要创建新文件夹，那么首先需要打开如图 4—7 所示的界面。单击“New Folder”，“Add Favorite（添加到收藏）”对话框的上方便会弹出一个如图 4—9 所示的对话框。在“Folder name（文件夹名称）”旁边的矩形方框内点击一下，并键入新文件夹的名称。完成上述操作后，单击“OK”。

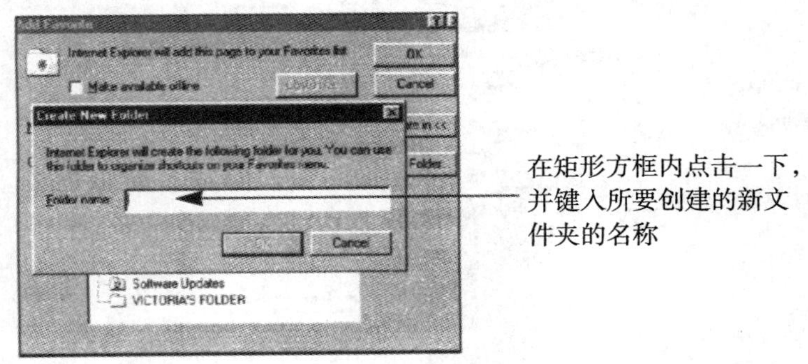

图 4—9　在收藏夹中新建文件夹

4.8.2　检索收藏夹中的网站

如果网络是通过线缆调制解调器、ADSL、LAN、ISDN、AOL、MSN 等连接的，屏幕上显示的内容则与下面介绍的不尽相同。最好借助于帮助工具或翻阅操作手册。

倘若网络是通过调制解调器或普通互联网服务提供商（Internet Service

Provider，ISP）连接的，要想登录已经保存在收藏夹中的网站，只需单击打开其所在的文件夹，然后双击该网站的名称即可。

假设你通过调制解调器或普通 ISP 上网，但网络未连接，此时屏幕上会弹出提示“是否连接网络”（如图 4—10 所示）。

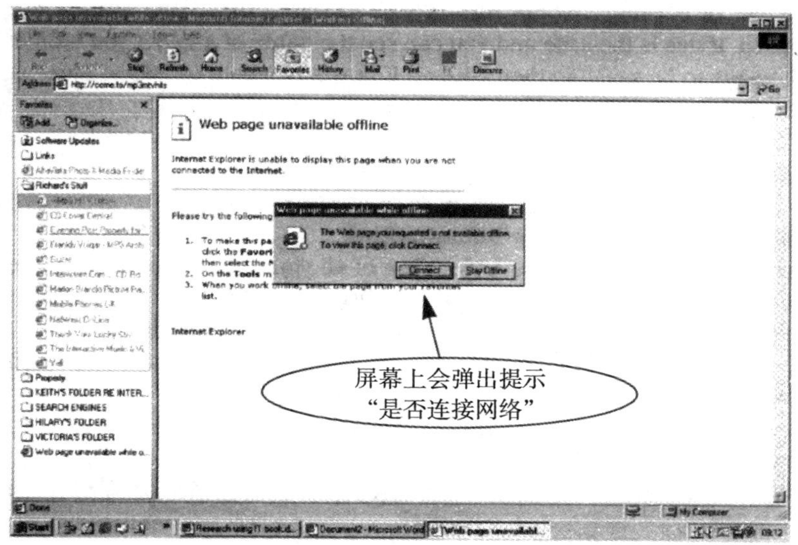

图 4—10　“是否连接网络”提示

单击“Connect（连接）”，便会弹出“Dial - up Connection（拨号连接）”对话框（如图 4—11 所示）。

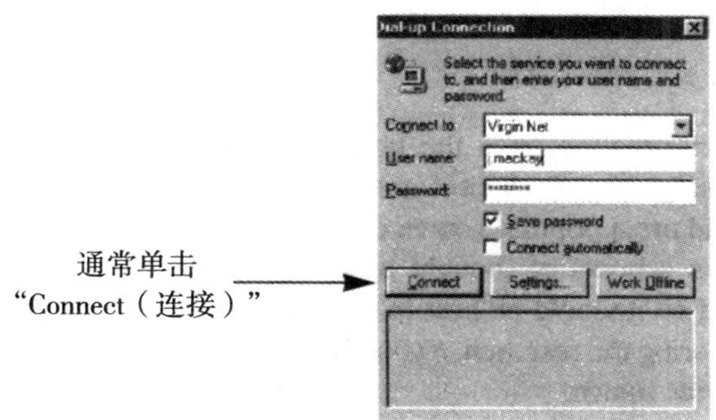

图 4—11　拨号连接对话框

4.8.3　从网站上保存或打印资料

另外，你也可以将信息保存到计算机硬盘中的某个文件中。当所需的信息显示在屏幕上时，单击“File（文件）”，再单击“SaveAs（另存为）”（如图 4—12 所示）。

屏幕上将会提示你选择文件保存路径。这样一来，你就可以脱机浏览这些信息。即使你并非按时间支付上网费用，也会发现这有利于收集相关信息，便于日后阅读，以全面思考其中的内容并加以比较。

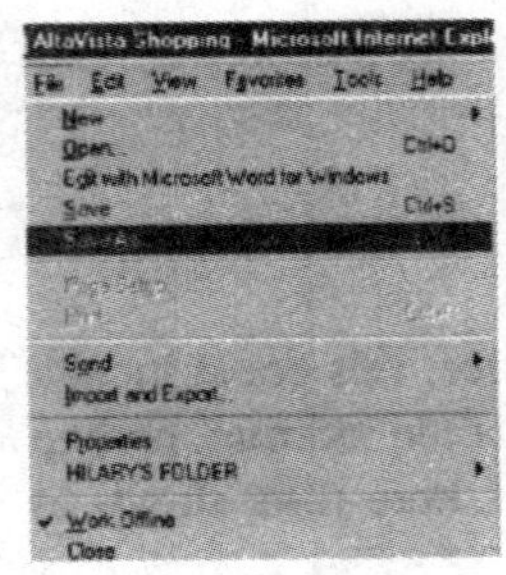

图 4—12　另存为选项

最后一个可供选择的项目是直接打印材料。单击“File（文件）”，再单击“Print（打印）”……但是需要注意，当所需要的只是一小段内容时，不要打印该网站的 20 个页面。若要直接打印，最好拖选所需内容，并在给出选项时点选“Selection（选定范围）”。

在使用 PC 机时，保存网络图片的捷径之一是，右键单击图片并点选“Save Picture As（图像另存为）”。如果使用的是苹果 Mac 计算机，则单击图像按钮。

打印页的底部印有网址，但要想在研究工作中引用这些资料，可能还需要其他详细信息。

4.9　查阅在线资料

4.9.1　互联网

若要使用互联网上的信息，也要将其写入书目。网站正致力于为研究人员提供更可靠、更普及的信息。

关于如何列示电子信息，各学术流派有不同的看法，因此最好跟课题负责人商量一下。如果无法获得所需的信息，可以参考下面的一些格式。

引自于互联网的注释必不可少，其应当包括下列内容：

（1）作者或编者的姓，然后是姓名缩写；

（2）出版年份；

（3）标题（在线）；

（4）版次（如果知道的话）；

（5）出版地；

（6）出版社或打印资料的来源，可能包括负责维护网站运营的组织，比如示例中的大学；

（7）摘自于：注明URL（URL即统一资源定位符，可以将其看做互联网上的文件的地址）；

（8）最后一次登录该网站的时间。

示例如下：

Green，Louise（1999）'Social Research Issues'. London. Anycity University. Available from http：//www. anycity. ac. uk/library/resources（Accessed 2 November 2001）

注释中很可能既有传统资料来源，又有电子资料来源。有些教育机构要求把所有注释按字母顺序排列。在这种情况下，你需要键入"online（在线）"一词来标注那些引自于互联网的资料。示例如下：

Green，Louise（1999）'Social Research Issues'（online），London. Anycity University. Available from http：//www. anycity. ac. uk/library/resources（2 November 2001）

还有些教育机构按照下面方框所示的两种方式编排书目。当你最后一次登录某个网站时，一定要记录日期，因为网站并非永久性的。

书目

Brock，David（1996）'20th Century Fox' in Judy Mail and Ron Nelson（eds）*Clinema Today*. London. BBC

Hopkins，David（1985）'*A Teacher's Guide to Classroom Research*'. Milton Keynes，Open University Press

Hu chison，Steven（1999）'Software in Action'. *Microsoft Advantage*. 1（10）：15 – 20

电子来源

Green，Louise（1999）'Social Research Issues'. London. Anycity University. Available from http：//www. anycity. ac. uk/library/resources（2 November 2001）

Lucas，P（2001）'Health Descriptors and Medical Indicators' Birmingham http：//www. heal/joss. ac. uk（24 January 2002）

4.9.2 光盘

凡是光盘中的材料，无论是互动程序还是电子书，均参照非纸质媒体的注释格式，即作者、姓名缩写、（年份）、期刊名和文件名、光盘名、版本、（日期）。如果参考的是光盘中的材料，那么无须注明访问日期。示例如下：

Coombes，Richard （1997） Woodcarving — The Vikings. CD – ROM. Encarta 97 Encyclopaedia. Microsoft.

4.9.3 计算机数据库程序

如果使用计算机数据库来搜索数据，或将其作为数据来源加以引用，那么需要标注出数据程序的名称或数据来源。示例如下：

UK Database of Health Descriptors and Medical Indicators for 1998. London. Department of Health. Available from http：//merlihn. lib. glo. ac. uk 24 January 2001

4.9.4 电子邮件

参考个人电子邮件讯息，比如通过电子邮件发送的调查问卷，应当遵循以下格式：

（1）作者或编者的姓，然后是名字或姓名缩写；

（2）发件人地址；

（3）年月日；

（4）主题；

（5）向××（收件人姓名）发送电子邮件；

（6）收件人地址。

示例如下：

Browni，Terry （t. browni @ virgin. net） 4 April 2001. Questionnaire Return. Email to Nicky Guichi （n. guichi@ cecomet. net）

4.9.5 讨论组邮件列表

当你加入一个在线讨论组时，会立刻生成一份包含该讨论组所有成员的电子邮件地址列表。通常情况下，邮件列表中的任何一位成员都可以在同一时间内将同一封邮件发送给其他所有成员。参考此类邮件中的内容，应当遵循以下格式：

(1) 作者或编者的姓，然后是名字或姓名缩写；

(2) 年月日（这是最早发送讯息的时间）；

(3) 主题；

(4) 讨论列表，后面附加“（online）”一词并用斜体标注；

(5) 摘自于：此处列出电子邮件地址；

(6) 登录该网站的时间。

示例如下：

Jancovich，Judie. 23 January 2002. Computing needs of ACCESS students. List-links （*online*）. Available from http：//www. mailbases @ mail. ac. uk (Accessed on 24 February 2002)

4.9.6 电子版在线期刊

研究报告的阅读者需要知道以下内容：

(1) 作者或编者的姓，然后是姓名缩写；

(2) 年份；

(3) 文章名；

(4) 在线期刊名；

(5) 卷号（如果有的话）；

(6) 期号（通常加注括号）；

(7) 副刊定位（如果适用的话）；

(8) 摘自于：此处注明 URL；

(9) 最后一次登录该网站的时间。

示例如下：

Coombes，Victoria（2001）Criminology today. Crime & the criminal（online）. Volume 2（14）. Available from http：//www. gopher/presentations. com/create (Accessed 14 February 2001)

4.9.7 脚注和尾注

如果注释使用温哥华体系，则需要将脚注置于直接引述或概述的段末（或章末）。脚注的示例见4.2.6 中的“3. 正文中参考资料的温哥华体例”。下面简要介绍如何使用 Word 软件添加脚注（和尾注）。如果使用的是其他软件，可以通过屏幕上的帮助或软件使用手册查找脚注和尾注。

4.9.8 如何在微软 Word 程序中添加脚注（和尾注）

（1）确认 Word 文档处于普通视图下（点击“View（视图）—Normal（普通）”）。

（2）输入引文或摘要，比如：

取悦于老师和家长并非对小学生最有利，孩子们会发现自己陷入取胜无望的境地，这将导致孩子们放弃尝试。[1]

（3）输入完毕后，立刻点击“Insert（插入）—Footnote（脚注）”，于是弹出下面的下拉式菜单。

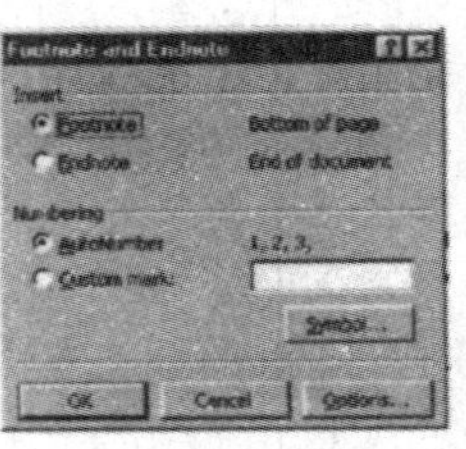

（4）根据需要，单击脚注或尾注前面的复选框。

（5）起初使用自动编号是非常简单的。若要使用特殊符号（如“＊”）作为角标，则单击“Custom mark（自定义标记）”前面的复选框，并在空白矩形方框内输入所需要的符号。

（6）一个小的、偏上方的数字（或符号）会出现在闪烁的光标旁边上角处。若要改变字号或字体，则可以突出显示输入的注释文本或按照通常操作加以更改。

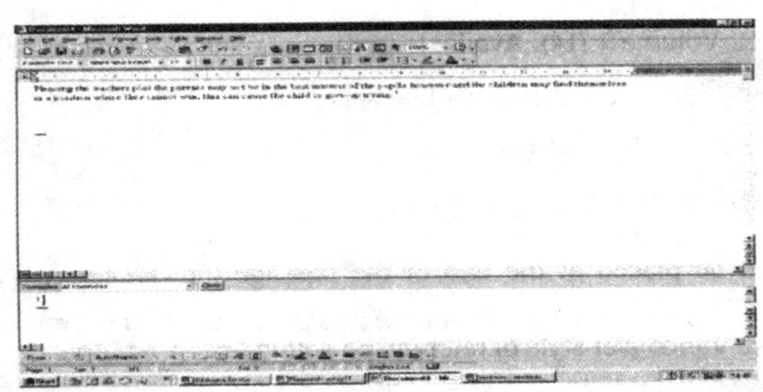

（7）点击注释上方的文本区，便会出现一个下拉菜单，其中的选项之一是用线条将正文和注释分割开。单击“Footnote Separator（脚注分割符）”，试着删去线条或输入一串较长的符号看看。如果你对任何形式的布局都很满意的话，则无须进行这一尝试。

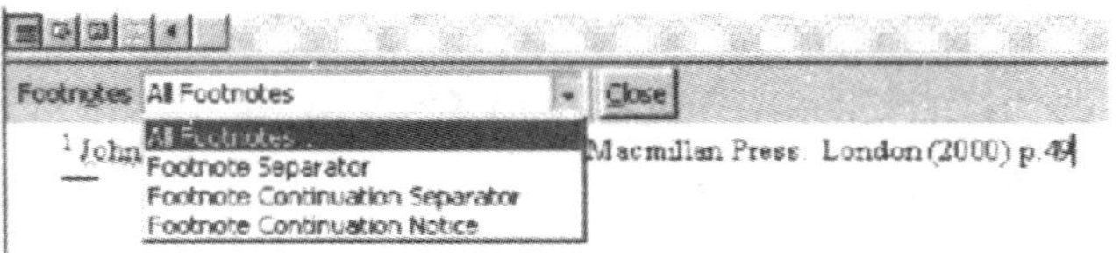

（8）单击“Close（关闭）”，脚注便会添加完毕（比如，1. John A. Bloggs. *Education Sociology*. Palgrave：Basingstoke（2001）p. 49）。是否有线条，则取决于你的选择。

（9）同时，一个小的、偏上方的数字（上角标）也会出现在该注释所涉及的正文旁边（参见第（2）步中的示例）。若继续添加其他脚注，上角标编号则依次显示为2、3等。

4.9.9 参考文献著录格式的一致性

当你开始撰写研究论文时，诸如使用单引号还是双引号等细节很容易被忘记。相隔几周后，在把想法写入论文时，很可能会与之前有些差异。写作时间的延迟会使你忘记原先采用的风格，特别是你的所思所想会被纳入写作内容及其框架。你可能试着采用一些新的参考文献著录格式，并告诉自己日后会加以整理。

但是，在提交最终的研究论文时检查参考文献著录格式的一致性，不仅非常耗时，而且令人厌烦。尽管大多数软件都能“找到”（比如查找功能）关键词，但请想一想有多少错误在一开始就犯下了，计算机要查找的不只是全部单引号，还有某个单词的复数形式（如 child's（儿童的）），而这些单引号和复数都是你逐一输入的。所输入的每个注释最好都完全符合要求，这样，当研究论文完成时，才是真正完成了，而无须检查各项内容的一致性。

要想记住详细格式，则可将一份包含各类格式说明的文件保存在计算机桌面上，或者用胶带将该文件的打印件贴在显示器的旁边，以便自己随时参考。

4.10 图书馆使用的在线数据库

数据库是一个有序的信息集合，并按不同的标题对信息加以分类。房地产经纪人经常对数据库进行查询操作。设想一位顾客正询问房地产经纪人是否有别墅在售，具体要求是内设三间卧室、一间套房和一间浴室，最好再有一个大花园，房地产经纪人于是键入诸如“别墅、三张床、套房、浴室、花园”等关键词，屏幕上随即会出现符合上述要求的房屋一览表。

在线数据库大都相差无几，主要可以分为两类。

第一类是资料库（data bank），包含数据和（或）事实资料，如经济资料、法律文本等。机场问讯台通常使用资料库进行航班查询。

第二类是书目文件（bibliography file），包含图书、文档、期刊摘要，以及组织、人员信息等。数据库信息会定期更新，比如每两天更新一次，这一优点可以使你知道所下载的信息是最新的。

有许多人提供数据库信息并对其加以管理。你会听到很多与数据库检索有关的供应商或主办者的名称。仅举几例，如 DIALOG、ORBIT、ERIC、DIANE、BIDS、SCORPIO 等，它们各自涵盖了若干主题领域。例如，假设你对 20 世纪 60 年代的社会科学文献感兴趣，或者想要获取世界范围内的社会学信息，则可以在 DIALOG 数据库中检索社会学文摘。

就选用合适的数据库进行检索而言，图书管理员的技能和专业知识非常重要。在就特定主题领域进行检索之初，需要专业人员助你一臂之力。如果你是学术机构里的学生，想要检索其提供的数据库，那么通常免费或只是象征性地收费；但如果你想使用检索服务却与高校毫无关联的话，有时则需要付费。一些规模较大的公共图书馆如今也提供此类服务，不过往往会再次出现与在线数据库检索相关的收费。

4.11 家用电脑上可用的在线数据库

一旦习惯了使用搜索引擎（参见 4.7 节“互联网——搜索信息”部分），你会立刻发现庞大的在线数据库资源。要想加以利用，可以尝试登录下文中提到的网站。

Biz/ed 是一项对于师生以及那些对商务与经济感兴趣的人们免费的网络服务。通过 Biz/ed，可以获取来自英国国家统计局的统计资料、世界各国的数据，以及 500 家公司的信息（包括利润额、雇员数量等变量），还可以链接至商务和经济领域内各个方面。如果认为 Biz/ed 可能有用的话，请登录 http：//www. bized. ac. uk/。

如果你对教育感兴趣，http：//www. education2000. co. uk 值得一看。该网站每日更新《卫报》、TES 等报刊中的教育新闻。该网站还登载来自英国教育和科学部（DES）以及 BBC 的教育新闻。

如果你在 http：//www. bbc. co. uk/education/alert 上填写了愿意接收自己感兴趣的国家电视台或地方电视台的节目表及其播放日期，BBC 提醒服务就会免费寄送电子邮件。此服务也适用于电台广播。要想弄清楚自己对哪些即将播出的内容感兴趣，这是一个很好的途径。

http：//www. worldserver. pipex. com① 上的英国中央新闻署（COI）是政府的营销工具，但是该网站上的营销和研究信息可能有所助益。

在 http：//www. statistics. gov. uk 上，可以找到最新的官方统计资料，还可以自由访问最近公开发行的出版物。

要获得与环境和运输有关的统计资料，可以登录 http：//www. open. gov. uk，该网站还拥有各研究领域内较为全面的信息。

在登录上述任一网站时，你都会看到可点击的标签，这些标签内容相仿。在点击其中某个标签后，它将会逐步引领着你准确找到所需要的具体信息。但是，要小心，这会使人上瘾。假设你想坐下来开始进行 10 分钟的搜索，当 3 个小时过去后，你会发现自己仍然坐在电脑前面——不过，这 3 个小时还是非常有趣的，而且收获不小。

4.12 数据档案

对于英国研究人员来说，最重要的接入点之一是埃塞克斯大学的数据存档。它在社会科学和人文学科领域内拥有英国最大规模的可访问的计算机可读数据。你可以从各个领域选取数据，比如犯罪调查、个人收入相关内容等。通过这些网页能够检索数据档案目录，并以个人的名义获取这些数据。该档案是由其所在地埃塞克斯大学、英国经济与社会科学研究理事会（ESRC）、英国

① Pipex 公司网址现为 http：//www. pipex. co. uk/。——译者注

联合信息系统委员会（JISC）共同出资特设的国家资源。如果你对此感兴趣，可以登录网站（http：//www. data - archive. ac. uk/search/index/asp）或写信（邮寄地址是 The Data Archive，University of Essex，Colchester，CO4 3SQ），以获取更多信息。

接下来讲讲如何轻松地使用该网站。首先键入上述网址，之后输入所要检索的关键词并点击"Search（搜索）"（如图 4—13 所示）。

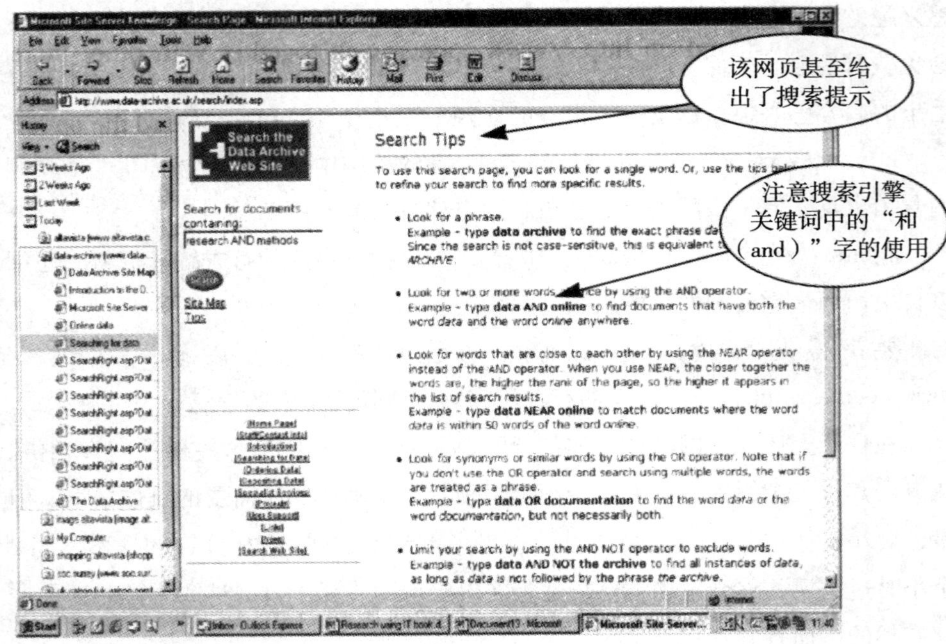

图 4—13　搜索数据档案网站

4.13　可能感兴趣的其他相关网站

当你开始在互联网上进行搜索时，很快就会发现网址数以千计。大多数新网民会被所有令人兴奋的事勾住，能够浏览的信息太多了，以至于很容易连续几个小时坐在电脑前面点击各个链接。

表 4—8 列举了一些你可能感兴趣的网站，当然这取决于你的研究课题。一登录某个网站，你就会找到兴趣相仿的网站链接。

表 4—8 **对研究有用的网站**

宗教学术资料 http：//www. academic. info. net	该网站拥有许多教育资源，内容涉及各个领域
Amnesty 国际出版物 http：//www. amnesty. org	针对众多主题（如妇女、死刑、侵害儿童等）的各大洲年度报告
古登堡计划（Project Gutenberg） http：//promo. net/pg①	以各种各样的虚拟形式提供大量馆藏资料，内容包罗万象，任何一台计算机均可读取或下载
布鲁内尔大学研究中心 http：//www. brunel. ac. uk/info/research	提供各类资源和相关网站链接。卫生经济学研究组织（HERG）尤其出色，涵盖了众多主题，比如人类学研究成果、新构造运动研究等
历史学习资源 http：//www. warwick. ac. uk/fac/arts/History/teaching	涵盖了大量极为细致的主题，从工业化的社会层面到妇女史领域的各个主题
http：//www. drugtext. org	来自各国的药物滥用科学报告
马克思、恩格斯文献档案库 http：//csf. colorado. edu/psn/marx	马克思、恩格斯文献的电子版。该搜索引擎能在成千上万页的文本中找到特定的关键词
国家政治索引 http：//www. politicalindex. com	该网站为选民、政治活动家、学者等提供权威的、真实的政治资料索引
社会学研究在线 http：//www. soc. surrey. ac. uk	该网站拥有一个大型的检索数据库
定性报告 http：//www. nova. edu/ssss/QR	这是专门就定性研究和批判性探讨进行讨论和记录的在线日志。对研究人员来说，这是一个很好的讨论区
http：//lcweb2. loc. gov	该网站聚焦于美国历史，涵盖了包括社会科学研究在内的各类主题。该网站拥有音频和电影资料
社会科学信息门户 http：//sosig. ac. uk	商界、社会科学界、法律界人士的各类研究成果
精神医学在线 http：//www. priory. com/otherpsy. htm	要获得精神医学方面的信息，这是一个很好的途径。该网站包含了大量可供搜索的主题领域及有用的相关网站链接

网络资源——不断更新

互联网上出现的新网站和既有网站都是即时更新的。无法及时获知全部新信息，因为信息瞬息万变、应接不暇。表 4—9 给出的网站监测新的网络资源，如果定期查看，有时将会发现有用的信息。但是，没有一种方法能确保你对新

① 也可以登录此网址：http：//gutenberg. net. au/。——译者注

的网络资源了如指掌。

表 4—9 **一个监测新的网络资源的网站**

http：//www. scout. cs. wisc. edu	这份报告定期更新，并指出最新资源。它按照各个主题（如社会科学、商学、经济学）分别记述

4.14 馆藏光盘

大多数图书馆会提供近期馆藏光盘清单，其中一些还会附带一份指南，指出光盘中收录的信息类型。光盘常常会被装载到图书馆或信息技术室的多台电脑中并互相联网，因此不一定需要将一张光盘插入正在使用的电脑。

表 4—10 列出了一些可以从光盘中得到的信息范畴，但只是抛砖引玉。形形色色的光盘几乎覆盖了你所能想到的各个领域。光盘包含的不一定是最新信息，但就搜集某一特定研究领域的历史数据或统计资料而言，这确是一条捷径。

表 4—10 **光盘所含信息指南**

光盘	所含信息指南
F T McCarthy	McCarthy 是一个收录了登载于《金融时报》、《经济学人》、《时代》周刊、《卫报》以及贸易与法学期刊等诸多报刊的财经类文章的数据库。可以将搜索要求归纳为若干关键词，比如失业、裁员、威尔士、妇女等，然后点击搜索图标即可运行该光盘
Hutchinson's Multimedia Encyclopaedia	该光盘收录了普通百科全书（精装本）中的所有内容，甚至更多。它还包含了可以观看或收听的视频和音频片段。只需输入关键词并点击搜索图标即可
IOLIS Guide	该光盘收录了法律的具体内容。它是互动式的，可以直接在光盘中对各类多选题作答，如果答案错误，它还会给出正确的解答。光盘中的内容按法律的各个方面分章，比如，如果对英国的刑罚和量刑颇有兴趣，则可查阅“犯罪概念”一章
Times/ Sunday Times	该光盘注明了日期，比如标注“1992 - 8”。假设检索“监狱”这一关键词，就会弹出一份标题或内容中含有该关键词的相关文章列表。分别点击各文章标题，即可加以阅读。通过下面两个途径，可以缩小搜索范围：一是要求该关键词出现在标题中；二是要求搜索特定领域中的论文，如商业、体育等
World Guide	该光盘同样注明了日期，比如标注“1995”。该光盘收录了世界各国的具体资料、统计数据和图表。打开光盘后，一张世界地图将展现在你的面前。你只需点击感兴趣的国家即可，还可以进一步缩小至某一特定地区或城市。然后，屏幕上会出现一系列关于该选定城市的主题，比如健康问题（包括艾滋病、癌症、儿童死亡等统计数据），点选这些主题便可以查看具体内容

第 5 章

详细访谈

Part A

5.1 通过访谈你想获得什么

访谈作为主要研究方法之一并不是一件新鲜事。你可以采取不同的访谈方式，包括结构性的，或非结构性的。非结构性的包括口头式的、生活经历式的、咨询式的、日记式的。访谈可以是面向大范围人群的，也可以是面向小范围人群的调查。

在开始做访谈之前，你的头脑里应该有一条清晰的思路，即你想通过访谈获得什么。这可以确保任何基于访谈的研究不会偏离其目的，从而达到其目的。如果你还没有理清思路，那么你将会收集到大量不必要的信息，而且这也会浪费大量时间。

设计调查问卷是进行访谈的一种形式，通过调查问卷可以收集到重要信息。下一章会详细阐述这个问题。这一章主要讲述如何熟练地实施访谈。如果你想熟练地掌握研究方法，那么这一章对你很重要。

Hitchcock 和 Hughes 提出了四个恰当的问题。他们认为对于从事研究活动的教师来说，在进行任何研究之前都应该考虑这四个问题。这些问题适用于任何做研究的人员。

(1) 为什么要进行访谈?

(2) 在哪里进行访谈?

(3) 对谁进行访谈?

(4) 何时进行访谈?

对于你计划中的研究方案，你能回答这些问题吗？试着给出一些深思熟虑的回答。对于第一个问题，你会迅速地回答说“因为它是最好的方法”。但是，经过认真思考，得出的回答会有助于你更加关注访谈的目的。

也许你正在研究是否一个生病的孩子会因为他所喜爱的人一直都在医院里陪护他而更快得到恢复。了解孩子及其所爱的人的感受是无法通过调查问卷或观察而得到的。你只能从中得到一些背景及比较性信息。之所以将访谈运用到这个案例中，原因是此种方法可以获得被研究者的心理感受，这是其他方法所办不到的。

使用访谈这种方法的重点是获得尽可能多的相关信息，即认知过程是如何受其所关爱的人陪伴所营造的安全舒适的环境所影响的。有一种认知形式的治疗方法，此方法被用作一种鼓励病人改变看待世界及自身方式的积极力量。当一个孩子有安全感时，他会以一种不同的方式来看待世界。你会最终决定讨论这会有一个可观的结果，因为这加快了治疗速度。你也可以决定在你研究的结论中以此项研究的这个特殊部分作为参考，以此作为推荐适合病人的住院条件，并意识到这可以减少花销，因为住院的时间缩短了。你将会意识到，如果一开始你就认真地回答“为什么要进行访谈”这个问题，这将会与你对后面几个问题的回答及研究结果息息相关。

5.2 结构性访谈

结构性访谈通常涉及大量的人群，例如，选举意向或购物调查。涉及的问题通常都很切题并简短。对应的回答也很简洁，通常“是”或“不是”就足够了。简短回答的优势之一就是更容易最后对它们进行分析、比较和整理。

一般情况下，研究人员的目标在于来自于人群中有代表性的人物。或者，他们会进行随机调查。在许多研究领域有一个共同的信念，那就是随机调查更具有代表性，因为任何人都有可能被调查到。你应该注意到这个问题。一般而言，繁忙的人很少会停下来回答这些问题。而且进行调查地点的不同也会影响到访谈的结果，因为在不同的地点经过的路人的类别、社会地位跟年龄是不同的。甚至一周当中的不同日子或时间的不同都会对访谈的结果产生影响。例如，如果你在一个大城市中做访谈，你会发现过路者中老年人的数量会比同一时间在郊区的老年人的数量少。

为了实施结构性访谈，研究者需要在开始阶段决定所需要的确切数据。这听起来很容易，然而却需要认真的考虑。如果你正在做一项关于是否员工食堂能够满足员工需要的室内访谈，那么你就需要仔细考虑是否需要了解食堂使用者所在的工作部门。很可能“口述”的话会起到一定的作用，而且使用者主要是来自于各个部门的一小部分核心人员。也许有些部门的地理位置离食堂比较远，因此他们不愿去食堂，而是带一些三明治或使用某些人带来的微波炉。因此，你就会考虑到食堂的位置，并把你的调查问卷设计成两部分：一部分用来访谈那些使用食堂的人；另一部分用来访谈那些不使用食堂的人。在此情况下，你的第一个问题将会是——你使用食堂吗？

应该清晰地设置访谈图表的布局。可以使用表格或框，以便对回答过的问题进行标记。结构性访谈几乎没有剩余的空间供额外批注。

一旦你已经设计好了你的问题以及调查问卷的布局，在进行正式的调查之前，最好对你周围的一些朋友先做一下试验，以便检查一下是否所有的问题都准确无误并无歧义。在这一阶段，朋友们的积极批评是十分宝贵的。

结构性访谈对于需要直接数据的研究来说是一项十分有用的工具。一旦问题已经设计好，不止一个人可以对这些预先设计好的问题进行提问，这是这个方法的又一优势。表5—1是一个典型的结构性访谈的调查问卷。

表5—1 **典型结构性访谈调查问卷示例**

关于食堂使用情况的调查		
1. 你使用员工食堂吗?		
使用		不使用
如果回答“是”，继续问		如果回答“不是”
你使用食堂:		继续问第2个问题
每天	□	
一周两到三次	□	
一周一次?	□	
你是趋向于在一周的固定几天在食堂用餐吗?		
周一	□	
周二	□	
周三	□	
周四	□	
周五	□	

续表

2. 你经常买下列的哪些食物？		如果食堂提供更多种类的食物，你会使用它吗？
三明治	□	是
卷饼	□	继续问第 3 个问题
热土司	□	不是
意粉	□	
咖喱	□	
油煎的早点	□	
等等		

5.3 非结构性访谈

深入的非结构性访谈涉及面广，而且访谈者与被访谈者可以自由交换信息。因此，非结构性访谈具有更大的灵活性。问题具有随意性，被访谈者的回答也可以反映最新情况。通过此方法可以获得大量宝贵的与研究相关的信息。但是，不要误认为这就是与朋友之间的谈话，远远不止这些。

非结构性访谈最好由专业人士来处理。为了获取需要的信息，往往要求很强的专业性。需要能够熟练地控制谈话过程；否则，将会变成一般性的谈话，虽然可能也会很有趣，但对于手上的研究来说，没有任何用途。非结构性访谈也有消耗时间及难于分析的劣势。

然而，对于刚刚从事研究工作的人来说，这是一个有用的方法。因为他们可以从此方法中得到宝贵的意见并引领他们获得新的想法。如果你不确定对于你的研究什么是重要的信息，应该问什么样的问题，应该先涉及哪个领域，那么，与一个知识渊博并能给予帮助的同僚进行一次非结构性访谈将具有重要意义。你需要首先对受访谈者进行事先指导，让他们知道你的基本思想以及你想从这项研究中得到什么。你可以给他们几天时间，让他们好好考虑考虑这些问题，然后你就要花费一些时间来更加详细地讨论这些问题。

你并不需要详细地记录所说的内容，仅仅是一行可以让你想起相关信息的标记就足够了。此阶段所收集的信息与想法最终会被记录到你的研究文件中。这时，在决定最终的研究形式之前，你会强调你运用的方法。

5.4 半结构性访谈

只要进行访谈，半结构性访谈很可能最受青睐。它是结构性访谈的更灵活版本，当研究者有一个框架（书面问题）来指导他们时，他们也会记录额外的评注并采取其他的方法。当分析调查问卷时，这些评注会很有用。这些评注有时会让研究者考虑到某个之前被忽视但仍与研究有关的领域。

对问题进行分等或问一些补充性问题也是很有帮助的。如果此方法被用到结构性访谈部分的食堂问题中，那么这些问题就会像表5—2所示那样（这些问题被圈起来以供参考）。

你可以看到，这些补充性问题可以建立起新的研究方向。

当修改图表的时候，也要准备一张总结性的表，这会有助于最终的数据分析。如果想了解更多，请参考7.4节“使用总结表对问卷进行编码”。

对于先前访谈结构的利与弊的简短总结，请参见表5—3。

表5—2 **典型半结构性访谈问卷示例**

关于食堂使用情况的调查

1. 你使用员工食堂吗？

使用	不使用
如果回答“是”，继续问	如果回答“不是”，问
你使用食堂：	(你不使用食堂有什么原因吗？)
每天 □	
一周两到三次 □	
一周一次 □	
你是趋向于在一周的固定几天在食堂用餐吗？	
周一 □	
周二 □	
周三 □	
周四 □	
周五 □	
(你选择某个特定的日期，有什么原因吗？)	

2. 你经常买下列的哪些食物？	如果食堂提供更多种类的食物，
三明治 □	你会使用它吗？
卷饼 □	是
热土司 □	(你想让食堂提供什么样的食物？)
意粉 □	不是
咖喱 □	继续问第3个问题
油煎的早点 □	
等等	

表 5—3 对于访谈结构方法利与弊的总结

	结构性	半结构性	非结构性
能否适用于大范围人群	是	是，但是有些浪费时间	否
是否有助于获得大量直接数据	是	是，会获得额外数据	否
是否可以由一个以上的研究者进行访谈	是	是	建立互信而获得的数据更具有价值
是否可以收集到即时信息	否	是，但是仅在受控制方式下并受到局限	是，但通常需要引导，否则会产生过多的信息
是否便于无经验的研究者进行访谈	是	是	否，需要熟练地控制谈话过程
对于完成个人访谈是否迅速	是	是	否
你是否需要记录详细信息	否，做出选择就足够了	否，但是需要记录额外信息	是
是否可以获得深入的信息	否	否	否
是否需要对预先制定好的试验性版本运用到朋友身上，以便于获得评价	是	是	是
分析是否直接	无论采取什么方式，只要记录信息并按照一定的方法去实施，分析就是直接的。请采纳本书中的建议		

5.5 对谁进行访谈

并不是每一个人都能成为一个好的受访者。我确信你一定认识一些在表达观点及感受方面存在困难的人。还有一些人，他们非常固执，总想跟他们的听众分享他们那些固执的观点。你所要选择的理想访谈者应该是介于这两种性格之间的人。如果足够幸运，你也许会选择到这样的人。但是，有时，你需要对某些人进行访谈，因为他们在某个组织中占有重要地位，因此，你将别无选择。如果你正计划对少数固有人群进行访谈，因为其中含有理想受访者的重要信息，请再次阅读第3章关于“生活史研究（包括访谈）”部分。

如果你想对大批人群进行访谈，你需要决定是否从人群中选取一个有代表性的受访者（即选择所需的年龄、性别及社会地位等）或进行随意的访谈。你的选择要依据你所从事的研究项目。如果你决定调查为什么更多的男性参加晚间的关于计算机的课程学习，你的受访者可以是女性，可以调查她们为什么不参加课程学习，或者是男性，调查他们为什么参加。也许，在这种情况下，你需要对这两组受访者进行分别调查。

5.6 成为成功访谈者的必备技巧

我们已经讨论了受访者，但访谈活动是需要两个人共同完成的，访谈者的性格与个人品行同样重要。即使访谈者只是站在街角进行结构性或半结构性访谈活动，他们的穿着及起初接近路人的方式都会影响到路人是否会停下来接受访谈。你会把时间交给看上去让你感到害怕或敌对的人吗？现在已经不是穿着一身黑色战服的时候了。微笑是劝服那些人接受你的访谈的行之有效的办法。

如果你想进行更具有私人性质的访谈，那么你就需要有好的交际技巧。你一张嘴就应传达出你的信息，重要的不是你说的是什么而是你说的方式。“您能停下来一分钟吗?”这句话听者可以有两种不同的理解。这取决于你是否以一种友好的方式并且在句尾带有疑问语气，或是急匆匆地走过去并带有一种令人感到厌恶的平直的语调。

你可以使用肢体语言，你也许在使用时根本没有意识到你已经使用了。看表5—4所列的条目，检查自己是否有类似情况。在某些情况下，它们可能使受访者感到厌恶，并传递一些并不能总是真实反映你的信息。

表5—4 **肢体语言及可能犯的过失**

表述	你曾经犯过类似的过失吗
身体姿势	背对着受访者？你没有显示出友好的欢迎
呼吸	呼吸急促，抽鼻涕等？这是令人厌恶的
目光接触	盯着受访者，看远处，向下看？这显示出不感兴趣或厌倦
表情	皱眉，愁眉苦脸，表现出不友善？显示出不欢迎
乱动	摆弄头发、衣服？让人看起来很难受
打扮	不整洁？你不介意，受访者会认为你是个不整洁的人
呼吸	身体散发出臭气？这太羞耻了，你从没听过脱臭剂吗？这是对别人的不尊重，你不介意吗
言语重复	总是重复同一件事情？太无聊了
言语	太快／慢，喧闹／安静，咕哝？你的听众为了听清你所说的不得不仔细地听。他们也许不会费心去听
音高	声音过高／低，发出尖声？长时间听你说话会感到很疲劳

Nelson-Jones（1986：82）认为你看人的方式及说话的方式同你所说的内容一样重要。他认为交流需要做到以下几点：

- 对他人表示出喜爱之情；
- 避免显示出威胁；
- 对他人感兴趣；
- 对自己有一些初步的定义。

这不但适用于发生在街角的结构性访谈，同样也适用于详细的一对一的生活经历访谈。你需要探索你自己的人际交往技巧，尤其是在进行一对一的访谈之前。在我以一位教师以及支持者的身份对学生进行访谈或我自己所实施的访谈活动中所积攒的多年经验中，我自己制定出一条黄金法则。当他们试图向我解释或讲述那些对他们重要的信息时，我试图有意识地去听，而且不会打断他们。有时我很想去帮助他们结束话语——他们也许说得很慢，我也许没有很多时间留给他们，我有时想我可以帮他们结束那句话。我也很想以一种很准确的方式去解释他们所说的，但是我的解释很可能是错误的。因此，我就千方百计地耐心地听他们说。我发现如表5—5所示的检核表非常有助于提醒我在访谈活动中所处的位置。

表5—5 **访谈者检核表**

试着不做任何评判	关于他们你什么都不知道，也不了解他们的生活经历
选择合适的词	如果有人不理解你在问什么，你怎么会得到一个有意义的答案呢
表达出对他们所说的感兴趣	时而点头，时而微笑表示理解，或说鼓励的话表示你在听
注意非言语性交流	鼓励受访谈者使用正确的肢体语言——参照表5—4
在受访谈者停顿时，不要说话，他们需要时间整理他们的思绪	不要因为对方停顿你就迅速地进入到另一个问题。给他们思考的时间
真正去听他们说的	不要试图用你的理解去改述他们的话

5.7 有帮助的提问方式

问题使用不当会使受访谈者对你所要获取的信息感到困惑。例如，他们也许会讲述他们生活经历中的趣事，但却与你所进行的研究没有什么直接相关性。有时，如果受访谈者不了解你所要研究的话题，会让你得到一些你所没有想过的有用的信息，这也许会引导你走向另一个研究。然而，除非你使用正确的问题把受访谈者带回到刚才的情形，使他重新返回到你所需要的信息中。这样你会发现访谈会占用大量的时间，你会记录大量无用的信息。

你也许会发现下面的评论方式会有助于你回到刚才的话题：

“那真的很有趣，这让我想起你更早说的……在那个话题中，你的观点是……”

“我们能稍稍返回刚才的话题吗？你能详细地阐述一下……”

“你的生活经历真是太神奇了，我对你上次所说的话题真的很感兴趣，关于那个话题，你能再多说些吗？”

注意，不要使用引导性的问题。你不想让其他人跟你有同样的观点。如果你误以为受访谈者关于某件事跟你有同样的观点，你的问题也会反映出这些。例如，你喜欢图书馆新的预约系统，然后问被访谈者：“关于这个新的预约系统，你最喜欢哪方面?”通过使用“最”与“喜欢”，你正在设想他也认为这个新的系统是好的。他们也许会认为这个新的系统还不如旧的，但是你并没有给他们机会让他们告诉你这些，你仅仅问了一些肯定方面的问题。如果你问：“你认为新的预约系统怎么样?”这远比刚才的问题要好，然后他们会告诉你他们的观点。

问的问题太寻根究底或问过多的问题，会使受访谈者产生一种防御心理。建立起访谈者与受访谈者之间的互相信任需要很长一段时间。因此你的研究主题应该避免需要这些特别深入性的信息，除非你的访谈时间安排允许你花费大量的时间来建立这种关系，或者你已经与你的受访谈者建立了这样的关系。

开放性问题与闭合性问题

一个闭合性问题，受访者不必对此表达出他们的观点。如果你问：“你喜欢你的工作吗?”对你的这个问题的回答会是“是”或“不是”，这使你无法对你的问题进行继续扩展。你问过像“你最喜欢你工作的哪个方面”这样的开放性问题吗？接着，你会得到回答（例如，他会说“跟别人合作”），然后你会继续问“为什么”。这样你会进一步对此有更深入的了解。

开放性问题中通常包含这样的词语，如“如何”、“什么”、“为什么”、“哪里”、“哪个”等。如果你正考虑在你的研究中使用半结构性访谈，使用这样的词语是有必要的。这个问题会在第6章中详细讨论。

5.8 涉及的道德标准

许多高校与职业机构已经制定了某些道德标准来引导准研究者们。一旦你已经确定了你所从事的研究的地点，你需要问那个公司或教育机构是否已经建立了相关的道德标准，你是否会得到一些关于如何进行访谈活动的官方指导方针。你应该考虑你自己的行为准则以及你对被访谈者所持有的价值观从而制定你自己的指导方针。

你可以考虑下面的指导方针。时刻记住受访谈者跟你一样是有思想与权利的人。他们需要你的尊重与关心。

- 时刻让受访谈者了解你的访谈目的与最终结果。你应该让他们知道这些。

- 考虑你所问问题的心理后果。我有一个年迈的亲戚，他在第二次世界大战期间经历了战犯集中营的恐怖生活。如果有人提起战争，他会沮丧好几个星期。

- 如果有人征求你的意见，你要十分谨慎。如果问题很严重的话，请教那个领域的专家。

- 如果你的问题显示出明显的不受欢迎，不要触犯被访谈者的隐私。事先做好心理准备，受访谈者不对你的问题做出回答，是不需要给出任何理由的。

- 如果你的访谈涉及儿童，你应该获得其父母或监护人（扮演父母角色的人）的同意。如果要同家长或老师讨论你的研究结果的话，也要特别注意，因为有时不经意的谈论会对听话者产生很大的影响。你应该具有不对他人泄露有关孩子个人隐私信息的道德。如果他们向你泄露了一些你认为很重要的信息，在与家长交涉之前，首先要与该领域的值得信任的同事或专家进行商讨。

- 对你所得到的信息要保密，并让被访谈者知道你确实这么做了。

- 如果可能的话，或被访谈者愿意的话，不要公开他们的身份。

- 如果情况比你预想的要糟糕的话，停止访谈活动，然后征求有经验的同事的意见来决定是否有必要继续。

5.9 将日记作为一种研究形式

有时，大多数人有记日记的习惯。其中包含着情感因素，例如，他们对某些事情的看法，他们说的话等等。这通常与他们那天所做的事情息息相关——看电影、购物等。研究日记与此具有职业相关性，当受访谈者记录了当时所处工作场所或教育环境的时间和事件的形势，研究者可以从中了解到重要的信息。

有时，在研究过程的起始阶段，记录一小段时间的日记是很有帮助的。这会提供你一些相关的信息，你在接下来的研究中会用到这些信息。

对于受访谈者来说，记录日记是一件很浪费时间的事，而且并不是每一个人都有能力或倾向来记录发生的事。你应该细心挑选那些可以记录研究性日记的人。因为只有他们积极并乐于参与此事，通过日记收集的数据才会有用，你应该向受访谈者解释你的目的，告诉他们对你来说他们的贡献起着很大的作用，并让他们知道他们如何才能帮助你，这些都很重要。如果你很幸运，找到了可以帮助你并愿意完成日记的一些人，你就可以在以后的阶段对所收集的记录材料中的不同点、相同点及趋势进行对比。

瘦身俱乐部会让他们的会员记录他们每天所吃的食物。他们这么做是为了强调他们在不经意时所吃的东西，这些东西妨碍了他们的减肥计划。一个用来做研究的日记可以展示出一些在通常情况下不被个人所关注的领域或事件，而这些领域或事件如果可以从研究的角度来看，却具有重大的意义。

一个以研究为目的的日记通常涉及一段特定的、被认可的时间，从半天到几周不等。可以要求受访谈者记录他们从事某个特定事件的时间，例如分拣邮件。你研究的领域可能是关于是否计算机培训会使社会工作者受益。你可能会得到当地社会服务部门的许可，与那个领域的工作人员进行交谈，并且一组社会工作者同意，如果他们得到适当的培训后可以熟练地使用计算机，他们会把这一过程记录下来。

你应该清楚地向受访谈者解释如何完成日记。如果你正在设计一个适用于上述情况中的社会工作者的日记，你可以制订一个含有“何时”、“什么”、“哪里”、“如何”等词语的日记计划，详见表5—6。

表5—6　为社会工作者设计的典型的日记形式

日期	时间	工作性质	计算机是如何帮助你的	你做了什么	所用的时间	评注
12月1日星期一	1.15	以3种不同的记录形式完成关于顾客的相似信息	如果这些信息储存在计算机中，这项工作会很快完成，而且只需输入一次	以通知的形式重复写了3遍同样的信息	25分钟	建立一种可以存储3种不同形式信息的表格
12月2日星期四……						

当设计日记中涉及的问题时，要特别谨慎。我们最终要分析这些收集的信息。因此，那些在后来的分析中会遭到质疑的信息就显得不那么重要了。而且，如果问题简短且切题，记录日记的人就不会遇到那么多的麻烦，还可以节省时间。

5.10 将电话访谈作为一种研究形式

通过电话进行小范围的研究也许是你所没有考虑到的方式，但是它确实有很多优点。它可使你迅速地完成收集数据及访谈事件的任务，因为这并不像站在街角进行访谈（实地访谈）那样浪费时间。你可以避免在恶劣的天气（这是你所无法控制的）站在那试着说服路人来回答你的问题那种尴尬的经历。你也可以选择一个特定的地区或随意选择一个地区，在那你可以找到与你研究的话题相关的信息。与邮寄调查问卷相比，这更容易实施，因为你没有用来邮寄的信封，没有写好地址、贴好邮票的可以邮寄回来的信封，也没有写好的说明性信件。

然而，这种方式也有弊端。有人不喜欢在电话中回答问题，有些人也许在你刚要解释你的目的时，就挂断了电话。现在，大多数人都有一部电话，但他们中大多数的号码我们是不知道的，而且有些人只使用移动电话。然而，你可以把这些劣势与邮寄式访谈或实地访谈的劣势进行对比，后者也会受到有限人群的限制。

如果你决定进行电话访谈，有些偏差你是需要了解的。你需要排除那些没有电话的人，如居无定所的人、贫穷的人，还有那些我们无法知道电话号码的人，他们可能是居住在较大城市的人、妇女、独居者或繁忙的职业者。因此，你对那些无法联系到的妇女或繁忙的职业者进行电话访谈的机会就大大降低了。

为了尽量消除这种偏差，电话访谈方式可以与其他方式共同运用，如实地访谈。当最终分析这些通过不同方式所采集的信息时，你也许会对研究过程中的某个没有意识到的领域产生新的想法。然而，这两种方式都会成为最终研究成果中的一部分。

5.11 获取信息

获取信息是访谈活动中所涉及的主要问题。获取信息主要有两种方式：上级对下级的或下级对上级的。如果你使用了前者，你可能首先需要花费一些时间来考虑谁会接受你的访谈。如果你希望到一家大型公司去进行访谈，而且以前没有接触过这家公司的人员，你应该先给该公司的人事部经理打电话，他会告诉你你要见的人的名字。

通常情况下，写一封介绍你的目的及研究价值的信是一个很好的办法。一周之后，如果没有得到任何回复的话，你可以打电话进行询问。给你的受访谈者一定的时间让他们仔细考虑你的要求，这不但是出于礼貌，而且他们也不会马上拒绝你。如果你不预先通知就打电话给受访谈者，或者他们根本没有时间来听你的要求，那么他们摆脱你的最好的办法就是拒绝你了。

要做好心理准备，你的请求有可能被拒绝。在你获得许可前，对不同的群体你要采取多种不同的手段。这也许会很浪费时间，因此一旦你已经决定了到哪个群体去进行访谈，你就要尽早地制定出相应的策略。

如果你采取了第二种方法，这会使事情进展得更快些。对你的内部员工进行访谈或许已经对你的研究很有帮助了；否则的话，他们是不会代表你去从事这项工作的。一旦有需要，你可以帮助他们做好事先的准备，写信、打电话或者给他们一份你所做的研究的底稿或调查问卷。这样你可以给受访谈者留下这样的印象：你的工作是有组织性的，而且也是有效率的。

5.11.1 初次接触

一旦你已经得到对员工进行采访的许可，如果可能的话，你将会跟他们交谈或者让他们完成调查问卷。跟受访谈者建立友好的关系有助于你获得他们的支持。你唯一可以做的就是邮寄给他们一封自荐信或发给他们一封电子邮件。这封信的措辞，你要仔细推敲，因为你不但要向他们解释你这项研究的目的，你还要说服他们来帮助你。告诉他们你的研究方式，你将如何利用从他们那里得到的信息，并且会对这些信息进行保密，不会对外公开。写并邮寄一封解释性的信件也许会花费很多时间，但是，从长远来看，这会起到事半功倍的效果。

永远不要许下难以实现的承诺，例如，如果你正在进行一对一的半结构性访谈活动，最好让受访谈者看一下你的底稿，以便于核实你是否对你所说的话进行了正确的解释，但是，时间也许不允许这么做。

你必须决定是否让他们看你的最终研究成果的复印件，或者至少要让他们看到由他们所给予你的信息所产生的数据或结论。仔细考虑这件事，因为要给每个参与者分发一份材料，会花费昂贵的复印费的。因此，你可以在通知栏上张贴出一份，或寄给部门经理一份。无论你怎么做，起初你就应该让他们了解这些。

受访谈者从研究中获得的利益要远远小于你所获得的。你会希望你的研究可以使受访谈者所处世界的某些事物变得更好，但是你并不能保证这些。他们是在帮助你，酌情办理就可以了。

5.11.2 组织访谈的方式及地点

得到受访谈者的支持并与他们建立良好的关系，你需要向他们证实你是值得信赖的，并意识到他们的难处。安排一个对于他们来说方便的时间见面，要按时到。为了他们的方便，要选择一个对于他们来说方便的地点见面。如果你计划访谈要进行一个小时的话，到五十五分钟的时候，要开始结束你的访谈。如果你还记得他们是放弃了自己的时间来帮助你，你的态度跟体贴会帮助你与他们建立一种有助于你研究活动的关系。

5.12 记录话语信息

如何记录话语信息，对此你需要及早做出抉择，因为你需要与受访谈者做出协商。有三种记录话语信息的方式：

（1）对所说的一切进行录音。

（2）记录重要信息（两三个词的总结性话语）。

（3）一个字一个字地记录。

这三种方式都存在一些问题。

5.12.1 录音

如果你要对所说的一切进行录音，有两大劣势。首先，在访谈结束后，你不得不听这些录音并转录所说的话语。这将需要大量的时间，如果受访谈者的话语没有被清晰地录下来，或者你的录音设备不好用，为了听清录下的话语，你需要一遍又一遍地重复听。这样当你寻求与你研究相关的信息时，你也会重复地收听到与你的研究不相关的那部分谈话。对于一个小时的录音，你在访谈结束后要花上至少两个小时的时间来录入（如键盘录入）所说的话语。

其次，录音机只能记录一部分录音，逐字记录会影响受访谈者的话语。而且，在录音前，你也要征得他们的同意。

5.12.2 记录相关信息

记录相关信息这种方法是访谈者所容易接受的。在访谈过程中，记录一些简短的信息有利于访谈者关注所说的话语。这样记录也不会影响到其他的活动。这个方法有些冒险，当在后期整理信息时，他们会发现一些错误的或有偏差的陈述，因为他们简短的记录只能使他们回忆起部分事情。如果时间允许的话，可以让受访谈者核实一下是否记录有误，那么这个问题就可以得到适当的解决了。

如果你提前制定出你的一些速记方法，你就可以记录更多的除重点之外的信息了。但这只是你个人的一个选择问题。如果你有一个好的记忆力并且在访谈结束后，你可以迅速地记录所说的内容，这是一个值得考虑的方法。

5.12.3 逐字逐句地记录

逐字逐句地记录所说的话会让人感到望而却步，除非你会速记。受访谈者也不喜欢这种方式，他们会感到在某方面受到威胁，因为你在记录他们所说的每一句话。你也不得不写下你所提问的每一个问题，否则你将无法对对应的回答做出解释。如果你的访谈是半结构性的，你可以提前写好你的问题，留出写回答的地方。然而这并不像看上去那么直截了当，不可避免的是，一个回答也许会让你想问一个补充性问题，但是，你并没有写下这个问题，你也没有给对应的回答留出足够的用于书写的空间。

你也需决定是否要准确无误地记下所说的内容，例如，现在时态、俚语或语法错误。如果当你在记录的时候试图修改这些错误信息，你也许会错过一些重要信息。例如，你在对青少年对学校的印象进行访谈，其中的一个人说“I recokon you get yer'ead messed up fur good if you get put with the dickheads early on like”（俚语，意思是“我想如果你一开始就被放在差班里，那么你永远也赶不上好学生”）。从这句话中你可以判断出这个学生来自于哪里、他的表达能力以及他的固有的思维模式。这句话可以与另一句不那么俚语化的、被整理过的话语比较，“I think that you never catch up if you’re put in the lower ability classes at first”（非俚语，意思是“我想如果你一开始就被放在差班里，那么你永远也赶不上好学生”）。原封不动地记录所说的内容也比较容易，因为当场就做转述并不是一件容易的事。

你可以事先就制定好一些做记录用的缩略词，在做记录时，你会发现这对你很有帮助。对于一些重复使用的固定词语，可以只记录首字母，或仅仅用字母“w”来代替经常出现的词语，如“what”。为了获得一些经验，你可以试着先对你身边的朋友进行一次访谈，然后你会发现，都有哪些词是经常出现的。

逐字逐句记录对访谈者来说显得比较正式，但这也取决于与受访谈者之间的关系。依据你所进行研究的类别，你也许不太期望这种正式性。

5.12.4 记录方法的总结

你最好在做访谈前就制定出一种做记录的好方法。到进行访谈当天再考虑就没有多大用途了，因为你已经来不及去熟悉你所要使用的工具或技巧了。表5—7总结了一些记录方法，对你也许会有帮助。

表5—7 **不同记录方法的利与弊**

	录音	记录相关信息	逐字逐句记录
受访谈者是否会感到拘束	是。有些不愿意让他们的话语被录音	受访谈者不会感到太拘束。他们也许总是说访谈者误解了他们的话	受访谈者不会感到太拘束。他们也许总是说访谈者误解了他们的话
受访谈者是否会厌恶这种方法	是。对于有些人，他们不适应现场的这个设备	如果访谈者可以全神贯注地听，受访谈者不太会有这种感觉	是。因为大多数时间访谈者都在做记录
记录是否是直接的	如果录音设备不好用或质量不好的话，这将会花费大量的时间	是。如果访谈者有好的记忆力，标题性的记录可以帮助他们回忆起事情	否。通常会花费大量时间。尤其是记录下的东西不便于阅读时
收集的数据是否准确	是	如果访谈者做事有效率，并准确地记下了标题，也许后来会发现一些有偏差性的话语	是，如果访谈者准备充分的话
记录方法是否迅速	否	否	否
分析是否复杂	无论采用什么方法，只要你进行记录并有策略地进行工作，分析就不会显得那么复杂，采纳本书中所提供的建议		

5.13 回报受访谈者

你很可能会在邮局收到一张主动提供的调查问卷，其中包含一支免费的圆珠笔以及一个用以回寄的信封，鼓励你完成调查问卷并回寄。有时，这样的信件会提供给你一次抽中小汽车或免费度假的机会。当商家收到你回寄的信息时，它们会给你一些微不足道的报酬或免费的礼物作为回报。只有商业性的研究会付给你直接的或间接的报酬，在其他的研究领域，这样做会增加偏差的可能性，还有可能产生贿赂。

在定性调查中，受访谈者一般是不会收到报酬的。Sonia Thompson（http：//www. soc. surrey. ac. sru. Sru. html），一位有经验的讲演者，关注年轻人及社团工作，高度强调向受访谈者付费的问题，她指出这些受访谈者没有权利来要求他们的时间获得资金的补偿。她还进一步指出，付钱给有权势的人也是一种不受欢迎的方式，例如，受访谈者是按照他们的专业知识以及职权地位选出来的。她举例说，向一位跨国公司的总经理付费，这种情况几乎是不可能发生的，因为这点费用对于他们来说简直太微不足道了。

对于小型的访谈活动，我们几乎不会考虑到付费的问题。然而，如果受访谈者足够善良，愿意抽出他们的时间来帮助你的话，出于礼貌，你可以以某种方式表达一下你的感激之情，可以是一束花、一张剧院的门票或是一瓶酒，在与他们交流几小时后，你就会知道他们喜欢哪样东西了。如果你足够幸运，可以在一个公司内部收集到你的研究资料或完成你的调查问卷，你也可以采用这种方法。一盒致谢性质的巧克力、罐头或饼干，都可以表达出你对他们的感激之情。如果你是通过某个内部员工得到进入公司进行访谈的机会，你也应该对他有所表示。

5.14 初步研究

无论你采取哪种访谈方式，都不能强烈地要求你在进行正式访谈之前进行预演，这并不像开晚会前的彩排。

如果你的方法中包含人生经历、访谈或调查问卷，要事先写好你的问题，并把这些问题在愿意帮助你的朋友身上试验一下，或者是你把你组织好的调查问卷分发给你的几个朋友，让他们来帮助你完成这些问题。只有这样，你才会发现哪些问题存在歧义，哪些问题涉及了个人隐私。你的朋友甚至会给你一些关于额外问题的建议，这对于你的研究有指导性的意义。

当你已经对你设计的问题感到满意时，另一个预备性的步骤就是对这些要去向受访谈者提出问题的人进行培训。当 Rex 和 Moore 向 Sparkbrook（在伯明翰附近）城区的移民分发试验的调查问卷时，Moore 写道："这要给我们第一组学生访谈者一次证实他们技巧的机会，同时也要检测一下这个问卷的可行性（引自 Bell 和 Newby，1977）。"

事先对任何实验性的研究进行试验是一个不错的想法，然而对于有些领域的试验性研究是很难实现的。你希望去研究某个特殊的案例，但是你却很难找到一个对应的案例来进行你的试验。在这种情况下，当你最终起草你的报告时，你要对你形成案例的详细方法进行解释。在研究你的案例时，你可以使用带有"探究性的"词语。

5.15 选择哪种访谈方式

并没有任何规定来促使你必须选择哪种访谈方式，你的访谈方式由你的研究目的、你的时间或者你是要对大范围人群进行访谈还是仅仅涉及部分人而决定的。你应该与你的同事共同商讨非结构性访谈，进而研究出你实行研究的方式。如果你认为另一种方式会收集到你所需要的信息，你也许会期待着使用这一方式。

Part B

5.16 电子邮件

通过计算机进行国际性的交流为你跟你同事的合作提供了一个廉价有效的渠道。距离遥远及时差不会影响你们的交流，而且同世界各地的研究者分享资源也变得便捷了。

一旦学会了使用计算机的途径，你就会找到许多与你的工作相关的讨论群体。当你不但与你的受访谈者，而且通过他们还与其他的学术群体建立联系时，你就发现许多与你的研究相关的信息，而之前你并没有意识到这些信息的存在。在英国有许多学术讨论群体，世界各地有着不计其数的这样的群体（有时会使用“list（清单）”这个词，而不是“group（小组）”，但是它们具有相同的意思）。

5.17 在网上搜索你的受访谈者

使用网络来实施访谈活动并不像看起来那么难，但是你需要时间与耐心来寻找愿意配合你的受访谈者。

加入电子邮件讨论组（有时需要进行注册，但这都是完全免费的）有助于你与具有相同兴趣爱好或工作的人员建立联系。

每一个讨论组都有相关的话题。我的一个朋友帮她的儿子在网上搜索有关越南战争的信息用来完成一项学校留的任务，她们所浏览的那个网站就有一个讨论组，你可以在那里留言或提问题。后来她得知那里的许多成员都是曾经的直升飞机驾驶员，因此他们可以对你的问题进行满意的答复。从此以后，我的朋友就对这个讨论组产生了浓厚的兴趣，并参与到了其中，讨论这些飞行员的目前生活状况以及他们过去参战时的经历。

如果你想加入电子邮件讨论组，你首先要向这个讨论组的管理员发送你的个人信息。然后你的个人信息会被发送到这个讨论组的所有成员那里，这时你就可以同其他成员建立联系了。接着，你就可以向他们发出邀请，看他们是否愿意完成一份网上调查问卷或回答一些与你的研究相关的问题。最好在发出邀请之前就与他们建立好联系。

有一个用途很大的电子邮件讨论组，叫 mailbase。mailbase 为英国的高等教育者提供电子讨论组。目前在全国各地拥有 1 913 个讨论组，134 603 个成员。mailbase 享用联合信息系统委员会（Joint Information Systems Committee，JISC）的基金，基地坐落于纽卡斯尔大学（University of Newcastle）并受到太阳微系统（Sun Microsystems）的额外资助。

联合信息系统委员会受到苏格兰高等教育委员会（Scottish Higher Education Funding Council）、英格兰高等教育委员会（Higher Education Funding Council for England）、威尔士高等教育委员会（Higher Education Funding

Council for Wales）以及北爱尔兰教育部门（Department of Education Northern Ireland）的资助。联合信息系统委员会的职责是开发节省成本的信息系统，为英国的高等教育及研究领域提供高质量的国际性信息。

只要一个人有一个邮箱地址，他就可以利用不同主题的讨论组。如果你对老年医学感兴趣，你就可以键入 http：// www. bgs. org. uk/bgstrg. html，就可以链接到一个讨论组的网址。这个讨论组的目的就是鼓励开放性与互动性的讨论，尤其是教员与学员之间的讨论，其中包括与培训、循证实践（evidence-based practice）、老年医学的研究与新发展有关的一系列问题。

mailbase 讨论组涉及一系列的讨论话题，包括心理学、物理疗法、营养品，甚至还包括水族病理学。这个讨论组利用起来很方便，如果其中的所有的话题你都不感兴趣的话，它们还可以帮你建立一个你感兴趣的话题讨论组。马上在你的搜索引擎中搜索“mailbase”吧！

一旦你开始浏览网页时，有不计其数的聊天电话线可供你使用。这些热线分别有其各自的主题：健康、喜剧、嗜好、青少年、性、娱乐等。使用者可以随心所欲地登录或退出这些热线。有时他们加入一个在线讨论，并发表评论。有时他们只是在其他人进行讨论时，阅读其讨论的信息。

聊天电话线用起来很方便。你只需点击一下你所感兴趣的图片（或文字），然后就会出现聊天室的页面了。有时你需要填写你的个人信息（这不会出现在聊天的页面上）以及你想使用的网名，你可以用这个名字进行与他人的交流。人们选择的网名有简单的“Jane”，也有特别奇特的，如“truly（真正地）、madly（疯狂地）、deeply（深深地）”。接下来就是点击那个写有“连接”字样的图标（或与之相似的图标），就这么简单。现在你就可以进行聊天了。使用聊天电话线有时会很有意思，但是有时也会很无聊，这要看当时都有谁在线。如果经常登录的话，你就会发现你喜欢的聊友，他们的谈话总是很风趣，并且很有意义。你会逐渐地喜欢与他人进行聊天的。

聊天室有自己的语言、专门用语与缩略词，你可以在对话中发现这些，如“IMO”代表“in my opinion（依我看来）”，你会逐渐熟悉这些用法的。

5.18 计算机辅助性个人访谈（CAPI）

计算机辅助性个人访谈起源于20世纪70年代，但直到最近，由于科技的进步与笔记本电脑的出现，它才在个人访谈中得以应用。在面对面的访谈中，访谈者只需通过计算机记录受访谈者的回答，而不再需要纸质的调查问卷了。一份计算机辅助性个人访谈调查问卷是一个专门为做调查研究而设计的计算机程序。

写好的问题出现在计算机屏幕上，问题后附有供选择的答案，访谈者读出问题，然后输入对方给出的答案，接着计算机就会提出下一个问题。有时，当对一个问题给出不同的答案时，接下来所要回答的问题也会有所不同。这种形式访谈的最大优点就是后期的分析会很快，有时完全是自动完成的。

计算机辅助性个人访谈在电话调查中已被应用多年了，访谈者通过电话进行提问，然后把对应的回答记录在计算机中。银行、房屋互助会、保险公司、会刊俱乐部以及那些不受欢迎的市场调查电话，都使用这种方法。计算机辅助性个人访谈已被用于某些大型组织，如英国电信或政府部门对客户的满意度进行调查。然而，最近计算机辅助性个人访谈越来越多地被应用于一次性的小型项目，这是一个用于研究的有利的工具。

1994年，社会政策研究组（Social Policy Research Unit）委托Harrow研究服务有限公司（Research Services Limited of Harrow）使用这种方式对超过1 100位收入补助者进行访谈。其用了6个月的时间来调查他们经济状况的改变以及由此给他们带来的生活上的与社会福利方面的影响。Sainsbury等人参与了这次访谈，他们强调应该权衡计算机辅助性个人访谈与传统的书面方式访谈的利弊，包括在采集数据的质量、传递的速度以及花费等方面。首先，他们总结了他们的经验，得出计算机辅助性个人访谈提高了数据的质量：

通过"定制"问题，访谈会变得容易些。计算机程序可以从其内存中读取数据，例如姓名或数据，然后把它插入到合适的位置。例如，一份纸质的调查问卷通常会含有这样的问题：（你/姓名）多长时间使用一次（交通工具类型）？使用计算机辅助性个人访谈，访谈者不必追踪记录是谁使用了哪种交通工具。取而代之的是，他们只需面对一系列这样的问题，如：Bill多久乘坐一次火车？这样可以提高问题的准确度，也有助于访谈的顺利进行（Sainsbury

等，1993，online）。

没有专业的软件工具，要想使用上述方法进行访谈是不大可能的，但是某些公司或学术机构也许会有这些软件。在英国最通用的软件包有 BLAISE、QUANCEPT、MICROTAB 和 BV Solo。这些软件包都可以提供用于一次性调查的软件。也有一些雄心壮志的人，他们想要设计自己的计算机辅助性个人访谈程序，这些人可以直接从供应商（如 Blaise，Central Bureau of Statics，Hoofdafdeling M3，PO Box 959，2270 AZ Voorburg，The Netherlands. Tel +31 70 6994341）那里买到一些基本的软件包。尽管对于初学者来说，并不是所有人都会考虑设计自己的计算机辅助性个人访谈程序，但是还是可以咨询一下你的公司、学校，也可以与那些对研究或编排软件的计算机工作人员交朋友。

如果你的计算机是台式的话，你可以向你的公司或学术机构借一个笔记本电脑，你可以事先把你设计好的调查问卷或问题存储到笔记本电脑中，然后随身携带。我曾经工作过的那所大学有一定数量的计算机，学生可以花很少的钱来租用一段时间，但是这并不被公布出来，因为总是供不应求。因此，如果你想租用一台的话，那就必须得去那问问了，看是否还有电脑可供租用。

把你的手写信息输入到计算机中要花费很长的时间。如果你把信息直接储存到计算机中，当你需要制作柱状图或饼状图时，你就可以直接复制粘贴你调查问卷中的数据了，你会发现这特别方便。当你想从个人访谈信息中直接引用数据的话，你还可以再次复制粘贴。

你还可以从你所保存的文件中查找关键词。例如，你想知道受访谈者说了多少次“我不能回答这个问题”，或者他们提到了多少次他们的“工作量”或他们的“母亲”，如果你的信息被储存到了计算机中，你只需按几个键就可以完成这项任务了。

设计计算机调查问卷是极其重要的，这会在第6章中详细阐述，这一章只涉及调查问卷。

5.19 邮件辅助性访谈

邮件作为一种交流工具，其使用范围正在不断地扩大。在社会生活中，其重要性正在不断增加，然而以它作为一种研究工具却似乎被大大地忽视了。在研究领域中使用邮件的一个最大优势就是速度快，研究者与受访谈者可以进行即时的交流。其最大的劣势就是，邮件的使用者（年龄、收入、计算机使用能力、种族与性别）是有局限的。随着时代的发展，越来越多的人走进电子时代，这个局限性也在被不断地打破。

你需要细心地准备邮件的内容，以便于你调动受访谈者的积极性来回答你的问题。通常情况下，一封未经允许就发过去的邮件，很有可能被收件人认为是通过计算机发来的垃圾邮件。Mehta 与 Sivadas（1995）的研究发现，如果先发送一封邀请邮件，邀请他们加入到调查研究中，那么邮件的回复率与不发送邀请邮件相比高了23%。你可以浏览与讨论热线有关的网页，在那里寻找也许会对你的研究话题感兴趣的人（你也要考虑这是否会给你的研究带来某些偏见性信息）。如果你在网上搜索与你的主题相关的信息，你会惊奇地发现你可以迅速地编辑一系列的邮件，用于联系那些有意参与你研究的人，这也许会有助于你的研究。

有报告显示，电子邮件与传统信件相比有更高的回复率。Anderson 与 Gansneder（1995）称他们的含有72道问题的调查问卷的回复率是65%（其中76%是通过电子邮件回复的，只有24%是通过传统方式回复的）。因此，使用电子邮件进行调查，会比你进行挨家挨户的调查收到更好的效果。如果你的研究需要的话，你还可以进行全球范围的调查。

如果你正在对一个组织进行访谈，你也可以通过他们的内部邮件系统来收集他们对问题的回答。用一个邮件广告进行邮件群发会比较方便，但是你事先要经得相关收件人的同意。一些公司不愿意给你在线时间，原因有两个：第一，它们不想让它们的员工受到打扰；第二，它们担心你的邮件会引发技术性的问题。如果你是公司的内部员工，你更有可能得到公司的许可，或者你认识内部的员工，或者你的研究是与这个公司相关联的。

使用邮件很难保证匿名性，这是一个比较严重的问题。隐藏邮件回复人的名字不太容易做到，因为他们的邮件地址被自动地加到了回复的邮件中。然而，你仍可以向你的受访谈者保证，你可以完全保护他们的隐私。

电子邮件作为一种访谈技术的优势就是减少视觉或非视觉提示。例如，一个访谈者可能有一个恼人的习惯（如抽鼻涕、搓下巴等），这会让受访谈者感觉很不舒服。也有访谈者会不断地点头并满怀期望地看着受访谈者，这会促使他们匆忙做出回答。当使用计算机进行交流时，胆怯的负面影响也可以很容易被克服。

但是，使用邮件这种方式也不是没有任何问题的。当进行个人性访谈时，你很难从邮件的字里行间读出受访谈者不愿直接表达的隐含信息。阅读文字而看不到受访谈者的面部表情，也听不到他们话语的停顿，这也许会使你错过一个重要的暗示。对于某些人来说，他们并不擅长通过打字来表达他们的想法。通过打字来回答问题并不是丰富的口语表达的一个理想替代品。

可以考虑使用邮件来完成你研究工作的某个部分，尤其是当你想在研究过程中使用调查问卷时。借助计算机辅助性个人访谈，你可以迅速地得到存储在计算机中的电子版的回复，当你分析数据时，这会给你带来很大的方便。网络访谈并不能完全代替传统的访谈方式，但却可以与其进行完美的结合。

5.20 网络访谈的是与非

网络正在不断地发展。随着技术的发展，电信、电视与网络的结合会改进这种研究方式。对于每一种获取信息的方式，都有其优势与劣势。对于每种方式来说，存在一系列方法上与技术上的难点，必须权衡它们所带来的优势。定性的网络访谈方式不会成为传统访谈方式的直接替代品，但是却是一个值得你考虑的“合作伙伴”。表5—8会帮助你决定在你的研究当中使用在线访谈是否合适。

表5—8　**在线访谈的优劣势**

优势	劣势
容易与受访谈者进行交流	你的受访谈者只能局限于计算机使用者
可以克服时间与空间的障碍	对于这些技术人员，可能会存在偏见
这种方式相对来说还比较新——人们还比较乐于参与其中	你注意不到非言语性交流及肢体语言
没有地理性限制	受访谈者会在事后考虑这些被提出的问题，不能进行即时回答
如果有帮助的话，你可以寻找具有特定兴趣的人	打字不熟练会导致问题回答得不充分
某些人更喜欢在非面对面的情况下透露某些信息	很难与受访谈者建立一种互相信任的关系

开始前值得注意的几点

如果你打算在你的访谈研究中使用表格或问题列表来让你的受访谈者来完成，你务必要保证你的研究范围不要太大、太广泛。在你开始进行网络访谈前，请仔细阅读6.12节“开始之前的一点劝告”。最好事先做好准备。

第 6 章

问 卷

Part A

当你阅读本章时，你应该同时参阅第 5 章，因为这两章的主题是互相联系的，而且有些部分的内容是相关的。

一份好的问卷并不单纯是一份问题列表。好的问卷需经过数名同事的认真规划、起草和试验，需要考虑到潜在的被调查者，并在整个问卷设计的过程中始终对最终的数据分析方法有所认识。

在问卷的构建方面，人们开发出了数个步骤。安·莱文（Ann Lavan）（1985）所列的步骤如下：

（1）选择被提问对象。

（2）设计问卷：

- 准备工作；
- 问卷格式；
- 问题内容；
- 预测试。

（3）培训问卷发放人员。

（4）对数据进行编码。

（5）分析数据。

一份设计良好的问卷应该将研究的主要目标转换成包含你所需要信息的问题。问卷的使用和完成应尽可能容易和简便，而且问题应该直接包含你所需的数据以及对这些数据的分析。这些要求听似非常简单，但是在实际操作中，令人困惑的问卷、提错问题或没有问及关键问题的问卷仍然存在，而且数量之多令人吃惊。一份设计欠佳的问卷会得出毫无意义的数据，而且会造成误导。认识到问卷良好设计的重要性将会使你的调查高效而富有意义。

6.1 开放式或封闭式问题——设计问卷

首先，你需要决定问卷是针对众多对象的快速回答型的，还是针对少数人的一对一的深入且历时长久型的。如果你想要对众多对象使用问卷，那么使用过多开放式的问题将会使答案过长，这会使得管理和最终的分析过程都冗长而枯燥。

开放式或封闭式问卷都在第5章中粗略地提及，但是由于你现在已经开始设计问卷，你需要更深入地了解问题结构的重要性。开放式问题的答案允许被调查人给出个人意见（如你认为如今计算机在工作场所中最重要的作用是什么?）。对于开放式问题的答案，在分析之前需要使用一定的方法进行编码，分析问卷相关的详细内容请见第7章。

有时，开放式问题的答案与你设计问题的初衷并不相关。除非你计划亲自站在街角管理问卷调查过程，否则帮助你提问的那些人都必须完全熟悉你所提问题的初衷。这样，当他们发现被调查者给出的答案对实现你的目标没有帮助时，他们就能够提出补充性问题。如果你只是张贴出问卷，你就会失去这个获得所需答案的机会。

就开放式问题而言，提出问题、倾听问题和写出答案都比较费时。这会使完成问卷的过程耗费更长的时间。如果你的问题过于晦涩，被调查者可能会快速给出答案以便走开做自己的事情。

封闭式问题在问卷调查中使用得非常普遍，因为被调查者要求从一张给定的列表中选择问题的答案，与允许被调查者自由创造答案相比，这种方式更快速。使用封闭式问题时，被调查者很少有机会表达观点，他们仅仅是从建议的答案中进行选择，这使得问卷答案的格式更统一，便于对问卷进行管理、处理和分析。封闭式问卷的主要缺点之一是，由于可供选择的答案有限，你可能得出具有误导性的结论，芭比（Babbie）将之视为使用封闭式问题最重要的缺点：

当为给定问题提供的答案相对清晰时，构建反馈可能不存在问题。但在某些情况下，构建的反馈可能会忽略一些重要的问题。例如，当问及“美国面临的最重要的问题”时，你可能列出一系列问题的清单，但是在列出问题清单时，你也可能会忽略一些被调查者认为是重要的问题（Babbie，1990：123）。

芭比赞成使用两个指导原则来克服这个缺点。首先，他建议增加名为“其他（请具体说明）”的类别，这将为被调查者提供表达个人观点的机会。他指出，调查人员应该认识到，在提出意见的时候，被调查者经常从给定的类别中挑选一个最符合其个人观点的选项，哪怕这个选项并不是最完美的。这种做法只能使分析更加复杂。

芭比的第二个指导原则涉及互斥性，这在被调查者回答一个以上问题时适用：

在一些情况下，调查者可能会需要多个答案，但这样的答案会给分析过程带来困难。如果仔细考虑每个答案组合并询问被调查者是否能够合理地给出两个答案能确保你获得互斥性的答案。通常你会要求被调查者“选择最佳答案”，但是这个技术在备选答案选项没有经过仔细规划的情况下并不适用（Babbie，1990：123）。

当仅使用封闭式问题时，需要检验调查人员是否仅仅是因为被提供了某个答案，就将被调查人员引导向这个答案。被调查者是否经过独立的思考而选择了答案呢？例如，有关犯罪的调查可能会询问被调查者他们是否认为犯罪是一个个人问题。也许会要求这些被调查者从一张列表中选出他们认为是最严重的犯罪行为类别。除非例如纵火、侵犯、抢劫和在黑暗中独自行走等行为已经列举在列表中，被调查者会认为这些是个人问题吗？像这样的感性领域，调查人员也有义务给被调查者造成不必要的顾虑，尤其是当被调查者为老年人时更是如此。

选用开放式问题或是封闭式问题完全取决于个人的选择和调查的需求，但是下文仍给出了两种不同类型问题的优缺点总结性列表（见表6—1和表6—2）。

表6—1 **开放式问题**

优点	缺点
具有更多表达观点的自由	分析时比较费时
由于答案没有局限，可以减少偏见	与封闭式问卷相比，开放式问卷花费的调查时间更长
被调查人员可以解释其答案	由于现场工作人员可能误会被调查者给出的答案，并因此将答案错误归类，或无法意识到为达到调查目的需要提出什么补充性问题，因此需要对这些工作人员进行培训
调查人员可以询问补充性问题以便澄清信息	忙碌的人们可能没有时间回答所有问题，可能因此为了脱身而在最短的时间内快速给出答案
被调查者表达自己的观点，且不会受到已经提供的备选答案的影响	

表6—2 **封闭式问题**

优点	缺点
管理快捷	由于选项有限，可能得出误导性结论
更易编码和分析	被调查者无法表达个人观点，而且可能只能得出与其观点最接近的答案
使能够清楚表达观点的被调查者和无法清楚表达观点的被调查者处于相同的立足点	

6.2 存在问题的问卷

在问卷调查中经常发生的情况是，调查人员过度关注调查主题，以至于设计出的问题在他们看来十分清晰，但对于不了解调查主题的人员来说却模糊不清、模棱两可。一份好的问卷应该清楚而直接，不存在任何不明确的地方。

6.2.1 双重问题

如果你要求被调查者对双重问题给出单一答案，那么他们可能赞同你的一个观点，而不赞同另一个观点。例如，你可能问：

英国政府是否应该减少国防开支而增加国民医疗服务开支?

一些人会完全赞同问题的第一个部分，但是坚决反对增加国民医疗服务的开支，并希望将减少的开支划拨到其他方面。其他人可能希望不要减少国防方面的开支，但是同时希望从其他方面划拨开支投入到国民医疗服务方面。无论被调查者提供的答案是“是”还是“否”，他们的回答都不具有任何意义。

避免双重问题的诀窍：如果问题包含“和”字，检查该问题是否包含两个问题。

6.2.2 诱导性问题

诱导性问题通常是感情用事的，例如：

你认为开展动物保护慈善事业是件好事吗?

大多数人都认为答案应该是“是”，但是如果仔细研究问题，你会发现问题中“你认为”这三个字涉及被调查者个人观点。如果他们回答“否”，那么他们可能会认为你（调查人员）将觉得他们对待动物冷血而无情。请记住，在调查中提问的速度很快，且被调查者并没有很多的时间去考虑所表述问题的复杂结果。如果你问：“动物保护工作是否应该由慈善事业来资助?”可能更多的被调查者会回答“否”，而且有些人会给出更明确的答案，认为政府应该在动物保护方面尽一份力量。

不要假设别人会赞同你的观点，因为这样的假设通常会导致调查人员设计出诱导性问题。

避免诱导性问题的诀窍：确保问题的陈述不以“你是否赞同”、“你是否认为”或“你是否觉得”等表述方式开头。

6.2.3 假设性问题

尝试避免提出需要被调查者想象处于某种特定情境的问题。如果你要调查人们的态度，那么假设性问题可能很难避免。但是如果你使用开放式问题，答案将变得难以分析，而且还会得出不可靠的数据。下列即为假设性问题：

如果你中彩票了，你会将奖金用于（a）购买汽车，（b）购买新房子，（c）清偿信用卡债务，（d）偿还分期付款，（e）帮助其他人，（f）度假?

被调查者可能会认为这个问题完全没有意义，而且也可能就此评判你的整个问卷都是毫无意义的。

避免假设性问题的诀窍：检查你的问题是否由“如果”一词开头。不要将问题建立在想象的情境之上。

6.2.4 记忆类问题

要求被调查者回忆事件、信息或日期很可能会导致答案不准确，进而导致你的调查毫无意义。如果你要求被调查者列出他们曾经患过的疾病，他们不太可能记得每一次患病经历，特别是那些生活经历漫长而丰富的被调查者。不要忘记，你是要求他们“现场”回忆可能是多年前的信息。试问一下你自己是否能够回答此问题。通过将可能的疾病列成列表，然后询问被调查者是否患过这些病，你可以获得这些信息。

避免记忆类问题的诀窍：当你的问题以“你能列出……”开始或你的问题是“你在大学时学过的课程有哪些?”，请考虑事先准备一个列表是否会更好。

6.2.5 敏感性问题

敏感性问题最好在问卷的最后提出，那时人们对调查的热情可能已经被调动（希望如此），或觉得既然已经将问卷完成到这种程度不如就继续完成好了。如果你提出的第一个问题是“你的年龄多大?”或“你的收入有多少?”，你可能在前十秒钟内失去一半的潜在被调查者。许多人都不愿意透露他们的年龄和其他个人信息的详细情况，解决这一问题的方法之一是为他们提供归组的答案选择（见图6—1）。

你的年龄	（请打钩）
20岁以下	□
21~30岁	□
31~40岁	□
41~50岁	□
51~60岁	□
61~70岁	□
71岁以上	□

图6—1 归组的年龄问题答案选择

一些进行面对面调查的调查人员偏好于使用问题卡。问题卡就是列有具有索引的归组答案的卡片，例如每个答案旁边有一个数字。如果使用图6—1中关于年龄的问题，则问题卡如图6—2所示。

你的年龄

请选择相应的数字

1	20岁以下
2	21～30岁
3	31～40岁
4	41～50岁
5	51～60岁
6	61～70岁
7	71岁以上

图6—2　问题卡式归组的年龄问题答案选择

调查人员会提出问题，然后要求被调查者从他们当即举起的问题卡中选择一个数字。然后调查人员就会记录下选定的数字。

从理论上来说，如果使用问题卡，现场工作人员得知被调查者给出的准确答案的可能性会减少，这会鼓励被调查者回答问题。但是，我发现如果反复使用问题卡，调查者会很快了解每个数字类别所代表的答案，然而也许被调查者不会立即认识到这个事实。

如果在面对面的调查过程中调查人员与被调查者能建立一种友好的关系，那么被调查者更愿意回答敏感性问题。这也是要将敏感性问题放在问卷最后的另一个原因。

6.2.6　篇幅过长的问题

如果你的问题过长或过于复杂，那么被调查者可能会无法理解问题，他们提供的答案可能会仅仅与问题的第一个部分相关，也就是他们能够记得的部分。一些调查人员赞成使用问题卡（如上所述）为被调查者提供问题提示和可供选择的答案。但是我认为，更好的方法是缩短问题的长度，或者如果有必要，将篇幅过长的一个问题分为两个问题以包含所有的信息。

避免篇幅过长的问题的诀窍：仔细阅读问卷草稿，看是否存在超过一句话的问题。如果有，请重新措辞，或如果需要包含所有信息，将这个问题分成两个问题。

6.2.7 需要先备知识的问题

如果为了回答问题，被调查者需要查证信息，那么他们可能会放弃回答问题。如果你的问题是："你的驾驶执照号码是什么?""你所在部门的年度预算是多少?"或者"你所服用的药物的名称是什么?"被调查者可能不知道或无法拼写出答案，他们需要查询一些信息。

在提出这种类型的问题之前，请务必确保你确实需要这类信息来完成你的调查。如果确有需要提出需要先备知识的问题，请按照重要性区分优先顺序，尽量减少这类问题的数量。过多使用需要先备知识的问题会使被调查者脑中对这些问题的答案一片空白，或完全放弃整份问卷。

替代的方法是提供可供被调查者勾选的列表。如不问"你所服用的药物的名称是什么?"，而是提供药物的通用名称，如头痛药、保水药片等，然后要求被调查者在使用的药品名称上打钩，这样仍可以获得一定的信息。当然，是否需要药物的准确名称还是取决于你的调查。

避免需要先备知识的问题的诀窍：尝试回答问卷草稿上的问题。如果你无法立即回答出问题，就请考虑是否真的需要这一信息或是否需要对问题重新措辞。

6.2.8 令人困惑的问题

在实践中很容易在不经意间写出模棱两可的问题，这就是请求愿意帮忙的同事完成问卷草稿（进行试验）的非常重要的原因。如果你看不出图6—3的问题出在哪里，那么请看图6—4。

你的收入介于?	（请打钩）
低于7 000英镑	☐
7 000 ~ 10 000英镑	☐
10 000 ~ 15 000英镑	☐
15 000 ~ 20 000英镑	☐
20 000 ~ 30 000英镑	☐
30 000英镑以上	☐

图6—3 供选择的收入组

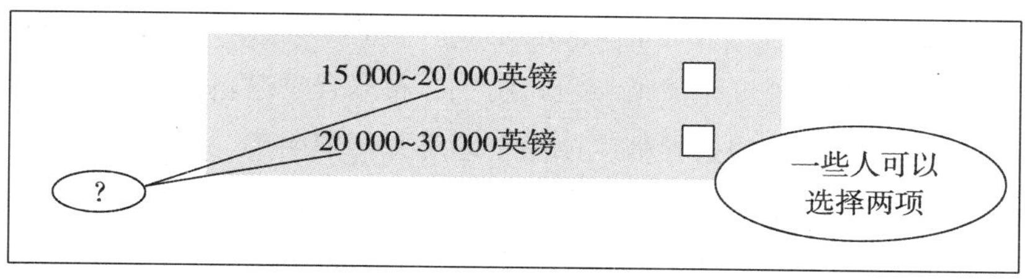

图6—4 图6—3中的问题

6.2.9 细节问题

在为人们提供可供选择的答案时，你需要非常仔细地阐述所提供的选择。如果可供选择的答案如图6—5所示，你会作何反应？

你看医生的频率如何？（请打钩）		
	经常	□
	定期	□
	很少	□
	基本没有	□

图6—5 细节问题示例（1）

如果你过去六个月中看了一次医生，你会选择"很少"还是"基本没有"？也许被调查者中有两个病人每个月去看一次医生，他们中的一个可能会选"经常"，而另一个可能会选"定期"。最好还是表述得清清楚楚，这样所有的人都能理解问题的意思。如果问题的设置如图6—6所示，那么就不用犹豫选择哪个答案了。

你看医生的频率如何？（请打钩）		
	每星期一次	□
	每个月一次	□
	每三个月一次	□
	每六个月一次	□
	超过六个月一次	□

图6—6 细节问题示例（2）

6.3 问卷的布局

问卷的布局非常重要。如果问卷布局的设计十分糟糕，那么调查人员和被调查者可能会感到困惑并错过重要的问题。问卷的布局几乎与问卷问题措辞本身一样重要。问卷应该打印清晰、版式统一、布局合乎逻辑，并且为问题留出足够的回答空间。所有的指导都应该易于理解并清楚明确。

下文将提供两份相似的问卷。第一份问卷（见图 6—7）非常混乱，看上去问卷中的问题多于实际包含的问题，其布局很不顺畅。第二份问卷（见图 6—8）显然考虑了清晰性和问题之间的空间，整体看来赏心悦目。拿到这样的问卷会觉得较容易完成。比较两份问卷中问题的措辞，看看哪一份更便于回答，哪一份从长远来看更便于分析。

HONEYFIELDS YOUTH 俱乐部调查

YOUTH 俱乐部委员会希望改进俱乐部服务。请帮助我们完成以下问卷。每个问题无需多想，请根据你的第一反应进行选择。

1）<u>你是 YOUTH 俱乐部的成员吗？</u>　是 □（选此项跳至问题 3）　否 □（选此项跳至问题 2）

2）<u>你是 YOUTH 俱乐部成员的客人吗？</u>　是 □　否 □

3）**<u>如果你不属于</u>**第 1）类和第 2）类，________
请写出今晚你是以何种身份来此俱乐部的。

4）你认为每周的订购费应该为：
40 便士 □
40～49 便士 □
50～75 便士 □
75 便士～1 英镑 □
其他（请给出金额）________

5）俱乐部每周二和周五晚上开放，你参加的频率如何？
一周一次 □
一周两次 □

6）你喜欢哪天参加？
周二 □
周四 □

7）什么因素会影响你在问题 6）中作出的选择？
不太拥挤 □
我的朋友那天晚上会来 □
那天晚上更容易订到运动器械 □
其他原因（请具体说明）______

图 6—7　混乱的问卷

HONEYFIELDS YOUTH 俱乐部调查

YOUTH 俱乐部委员会希望改进俱乐部服务。请帮助我们完成以下问卷。每个问题无需多想，请根据你的第一反应进行选择。

1. 你今晚是以何种身份参加 YOUTH 俱乐部的？

已付费的 YOUTH 俱乐部成员 □

每周付费的成员 □

俱乐部成员的宾客 □

其他（请具体说明）__________

2. 你认为每周的订购费应该为多少？

40 便士 □

41 ~ 49 便士 □

50 ~ 75 便士 □

76 便士 ~ 1 英镑 □

其他（请给出金额）__________

3. 你参加俱乐部的时间为：

大多为周二晚上 □

大多为周五晚上 □

不固定 □

4. 你更希望哪天晚上参加俱乐部？

（请仅选择一项） □

周二 □

周五 □

无所谓 □

5. 什么因素会影响你在问题 4 中作出的选择？

（如果适用）

不太拥挤 □

我的朋友那天晚上会来 □

预订运动器械更容易 □

其他原因（请具体说明）______

图 6—8 清楚的问卷

比较完上述两份问卷后，请参阅图6—9，特别是其中的突出点。

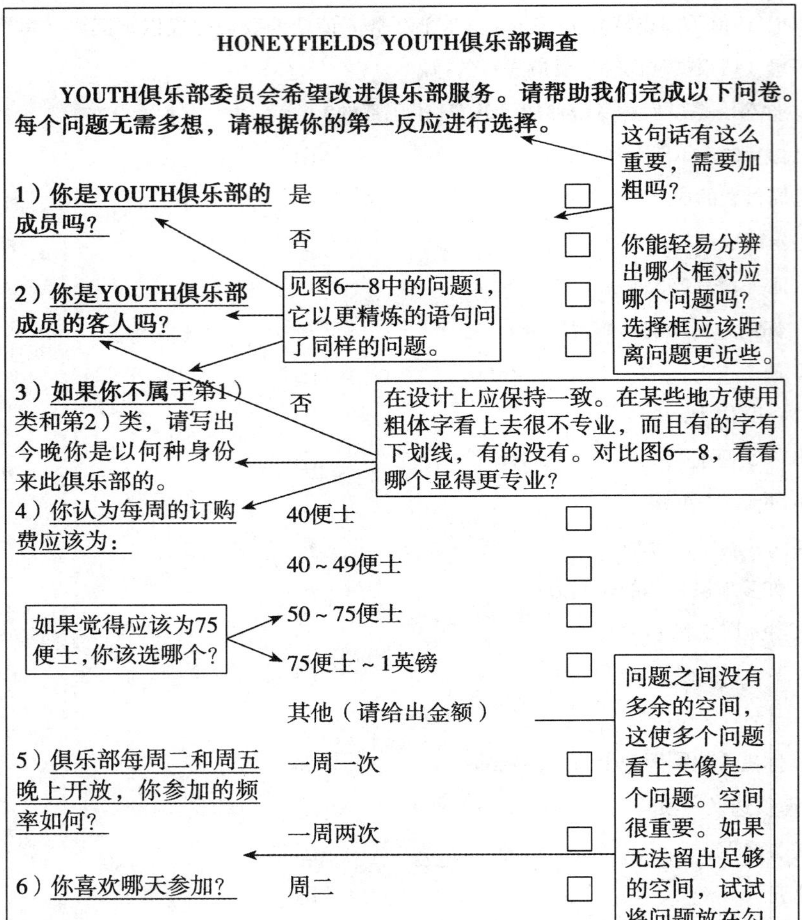

HONEYFIELDS YOUTH俱乐部调查

YOUTH俱乐部委员会希望改进俱乐部服务。请帮助我们完成以下问卷。每个问题无需多想，请根据你的第一反应进行选择。

这句话有这么重要，需要加粗吗？

1）**你是YOUTH俱乐部的成员吗？** 是 □ 否 □

2）**你是YOUTH俱乐部成员的客人吗？** □ □

见图6—8中的问题1，它以更精炼的语句问了同样的问题。

你能轻易分辨出哪个框对应哪个问题吗？选择框应该距离问题更近些。

3）**如果你不属于**第1）类和第2）类，请写出今晚你是以何种身份来此俱乐部的。 否

在设计上应保持一致。在某些地方使用粗体字看上去很不专业，而且有的字有下划线，有的没有。对比图6—8，看看哪个显得更专业？

4）你认为每周的订购费应该为：
40便士 □
40～49便士 □
50～75便士 □
75便士～1英镑 □
其他（请给出金额）______

如果觉得应该为75便士，你该选哪个？

5）俱乐部每周二和周五晚上开放，你参加的频率如何？
一周一次 □
一周两次 □

6）你喜欢哪天参加？
周二 □
周四 □

7）什么因素会影响你在问题6）中作出的选择？
不太拥挤 □
我的朋友那天晚上会来 □
那天晚上更容易订到运动器械 □
其他原因（请具体说明）______

问题之间没有多余的空间，这使多个问题看上去像是一个问题。空间很重要。如果无法留出足够的空间，试试将问题放在勾选框上面（见图6—8）。这能分隔问题。

图6—9　第一份问卷的问题

为问卷编码（总结表）

如果在设计问卷的同时准备一份总结表，这将为你节省大量的时间。它将帮助你最终更为顺利地分析搜集的数据。更多详细信息请参见 7.4 节“使用总结表对问卷进行编码”。

6.4 试验问卷

完成问卷后，在使用问卷之前，请几个人对问卷进行试验。你很有可能会遗漏这一阶段。但是这样做是非常危险的，因为从志愿者处获得的反馈将帮助你在问题没有变大之前就将之解决。在后期阶段你试图使已完成的问卷变得有意义时，它能帮你节省大量的工作时间，同时帮助你决定是否需要对某些问题重新措辞或在草稿阶段完全放弃问题。

理想情况下，完成问题草稿的人应该就是你希望能完成最终版本的问卷的人，但并不是总是存在发生这种情况的可能性。因此，如果你只能得到家庭成员和好朋友的帮助，那就不妨友好地接受他们的帮助。

准备一张随草稿问卷分发的小表格，你将会发现获得参加检验的人们所关注的反馈会很有帮助，并且他们能够以最佳的方式集中答案，以便帮助你的调查。表 6—3 显示了你需要询问的问题以及一些可能的修改。

表 6—3　　**检验问卷时可提出的问题**

完成问卷需要多长时间	如果问卷太长，你就需要削减问题或压缩问卷布局。人们最多只希望用几分钟的时间来完成问卷
问题是否清晰（你是否需要读上两遍才能知道问题的意思）	任何问题的意思都应该一目了然。对任何未达到此要求的问题重新措辞
指导清楚吗	这一点非常关键，尤其是在使用过滤技术（即当人们得出一个答案时告诉他们跳过下一个问题或直接回答第二页的问题）时更是如此。如果反馈中提到了任何困惑，你都应该重新书写指导
你发现任何模棱两可的问题了吗	修改所有无法明确回答的问题。请记住，得到的任何信息都需要进行分析（或可能是计算）。模棱两可的问题将是在接下去步骤中令你头疼的问题
是否存在你拒绝回答的问题	你是否真的需要这条信息？如果你认为这一信息非常关键，请将该问题放在问卷的最后，同时给出免于回答条款，即告诉被调查者，如果他们不想回答可以不回答这个问题。有时如果没有压力，人们也会愿意回答问题的
你对问卷的外观感觉如何	再次说明，如果人们觉得问卷的外观不错，他们会更愿意完成问卷
任何意见或建议	

6.5 分发完成的问卷

除非与被调查者进行面对面的接触，否则你需要为问卷准备一个介绍函，在其中简短地解释进行问卷调查的原因，并向被调查者保证对其提供的所有信息严格保密。你应该指出，虽然你会尽量保证不透露被调查者的身份，但是在某些情况下人们可能会事后猜测某些信息提供者的身份。例如，如果一份问卷是由一位部门经理和50位员工完成的，而你将雇员的看法与管理层的看法相比较，那么员工就能轻易猜测到管理层的看法来自哪位经理。

问卷介绍信应该以友好而中肯的方式组织措辞。虽然很少有人会将篇幅很长的介绍信阅读完，但是介绍信也不能简短到让人感觉失礼的地步。

6.5.1 问卷返回日期

规定问卷返回的日期是非常关键的，因为如果你不对此作出规定，人们就会将问卷放在一边，等到有空的时候再完成，这样你就可能永远都收不回问卷。两周左右是一个合适的时间范围。如果期限太长，人们可能会觉得有充足的时间来完成问卷，从而将问卷搁置一旁，而之后他们很可能就把这件事忘到九霄云外了。

6.5.2 问卷返回安排

在问卷中是否随附贴上邮票并写上地址的信封，取决于你如何安排问卷的分发。你可能将问卷留在工作场所或学院，并达成协议于双方约定的时间来收集完成的表格。如果情况确实是这样的，那么在约定回收日之前的一天或两天致电该工作场所或学院，提醒对方你将于次日回收完成的问卷是个不错的主意。在这一阶段为对方提供小小的便笺纸也会帮助对方记起回收问卷这件事。

考虑一下如果完全依赖邮政系统，你需要花费的成本。

（1）如果想要收到答复，那么随附贴上邮票并写上地址的信封是必不可少的。

（2）如果几周后许多答复都没有收到，你可能还需要寄出催函。

（3）这之后，你可能会收到一些信，要求寄出第二份问卷，因为第一份问卷遗失了。你可以在“寄发催函阶段”自动寄出第二份问卷，但是这将涉及额外的影印成本和额外的邮寄成本（取决于信件的重量）。

（4）最后，你还需要寄发感谢信。

你是否有时间或有意愿去经历这一长串的过程完全取决于你个人，其中当然也需要考虑所涉及的成本。你需要确定遵循上述第二、第三和第四步所花费的时间和精力是否值得。如果在介绍函中仔细措辞，你可以事先对回应者的帮助表示感谢，并说明如果没有特别要求，你将不会再寄发感谢信，以便节约邮寄成本。

6.5.3 不同问卷分发方法的比较

发放问卷的方式完全取决于你的调查，而表6—4中提供的信息能帮助你决定电子问卷是否适用于你的调查，并帮助你了解平均回应率和其他相关问题。这一章的Part B部分提供了有关如何生成电子问卷的细节。

表6—4 **电子问卷的回应率数据**

研究表明，与传统的邮件调查相比，电子问卷的平均回应率似乎更高。Frankfort-Nachmias和Nachmias（1995）发现传统的邮件调查的典型回应率为20%～50%。请将传统邮件调查的典型回应率与下面所列的不同调查结果相比较		
Walsh等人（1992）在计算机网络调查中使用自行选择和随机选择被调查者的方式开展了在线调查	随机选择的样本：76%的回应率	自行选择的样本：96%的回应率
Anderson和Gansneder（1995）开展了针对用于信息系统的计算机的电子邮件调查和计算机监控数据调查	76%的回应率（总共68%的问卷返回率）来自电子邮件	24%的回应率（总共68%的问卷返回率）来自传统调查方式
Mahta和Sivadas（1995）将同一调查的电子邮件问卷和传统问卷的回应率作了比较	主动发送的电子邮件获得40%的回应率，但是如果事先发送介绍电子邮件邀请对方参与调查，则回应率将增加至63%	主动发送的邮寄问卷的回应率为45%

基于所开展的调查项目，不同的调查人员对承诺的回应率的判断各不相同。例如，对调查感兴趣的大众（如坐在医院等候区的人被要求完成有关“医院等待时间”的一页调查问卷）的回应率无法与站在超市门口的现场调查员要求过路人完成四页问卷的回应率相比较。但是，McNeill（1985）将回应率低看成是邮寄问卷的主要缺点之一。邮寄问卷的回应率通常为30%～40%，

而相比之下，面对面调查的回应率可达到 80% ~90%。

基于所开展的调查，问卷调查和面对面调查技巧所涉及的比较工作有所差异。问卷是由数人深入管理，还是由某人站在街角要求过路人员花几分钟的时间来完成，两者之间差别甚大。从实践方面来说，面对面的调查历时较长，不方便，而且如果路程较远的话，还会比较昂贵，但是你能获得令人满意的回应率。而另一方面，自填式问卷可轻易向更广泛的被调查者发送，而且不会占用过多的个人时间，但是其回应率会比较低。

Glastonbury 和 MacKean 就选择哪种方法提出了绝佳的建议：

根据经验法则的指导，如果与具有大量回应相比，你更看重数据的深度和质量，那么就应该在面对面调查时十分仔细。如果问题非常容易回答，而且你希望获得大量的回应以便推动统计分析，那么自填式问卷将是你最佳的选择。但是作为一项重要的保留，你需要将实际问题放在中心位置：对你所具备的用于数据调查顺序的时间和资源、样本的可获得性、围绕问卷的管理工作以及你自己的兴趣和态度（Glastonbury 和 MacKean，1993：228）。

6.5.4 对问卷进行预编码

由于计算机在分析信息方面性能卓越，因此“分析”与“计算机”这两个词无法分割。一旦你成功地收集了数据，你就需要对数据进行分析。如果你计划仅收集一小部分的问卷，那么要加总所有为“是”的答案的个数或所有年龄为 20 岁以下的人的数量相对较为容易。

对问卷使用某种编码计划是否会有所帮助仍是存在争议的问题。当你需要一个非常大的回应率时花时间设置编码对你来说完全没有好处，这种情况是不太可能发生的。但是，你应该了解问卷中预编码的使用，因为如果你真的决定预编码对你来说是有用的，你就需要在问卷的计划阶段就整合编码。预编码的详细信息将在 7.3 节“对数据进行编码”中讲述。

6.5.5 分析已获得的数据

第 7 章将介绍对来自已完成问卷的数据的分析。在构建并检查问卷之前，你应该先阅读该章的内容。在进入数据分析阶段时，问题的格式及各种勾选框的呈现方式将变得非常重要。

Part B

6.6 使用计算机设计问卷

如你所知道的，问卷的布局设计非常重要。如果你在调查的早期阶段认真使用软件，那么使用表格有效地准备问卷将不会令你感到畏惧。

使用计算机设计问卷非常方便，其中你可以为勾选框和书写的答案留出大量的空间。在问卷的不同区域中间使用横线进行分隔是很有效的，阴影框、线型（粗细）、特殊的设计风格以及下拉阴影框都能增强布局效果，并有助于使你的问卷看起来更专业、更美观，进而使被调查者更愿意完成问卷。

各个软件包在表格设计方面会有些许的差别，但是在在线帮助工具和纸质文本中进行查找可使用的关键词都包括：表格、边框和底纹。如果你使用的是微软的软件，你可以使用表格工具栏插入一个表格。

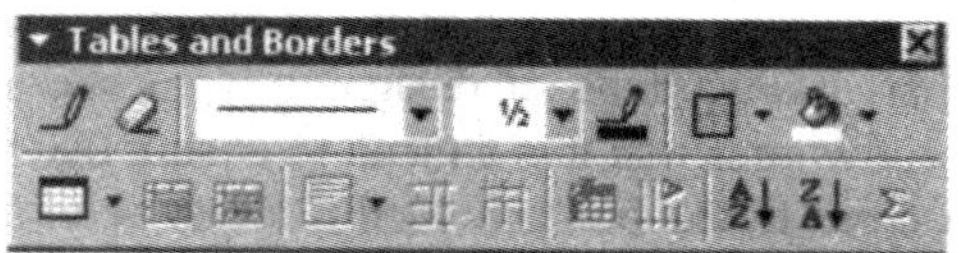

如果你无法在屏幕上看到该工具栏，请依次单击“视图”（位于屏幕左上角附近）和“工具栏”。随即将显示下拉菜单，单击“表格和边框”。你看到工具栏后，仅需将鼠标放置在铅笔状图标上，单击左键，然后绘出你所要求的表格形状。

或者，如果你没有足够信心能绘出表格，你可以通过依次单击“表格”、“插入”和“表格”，随即将出现以下对话框。你所需要做的就是键入需要的行数和列数。如果最初不确定行数或列数也不必担心，因为当你填完了最后一行后，你可以仅通过按下 Tab 键随时添加更多的行。事实上，当在表格的行或列中插入文本后，通过使用 Tab 键来控制表格的行数是最佳的方法。

表 6—5 为你提供了你可以使用上述任何方法制作的典型的“表格”设计。

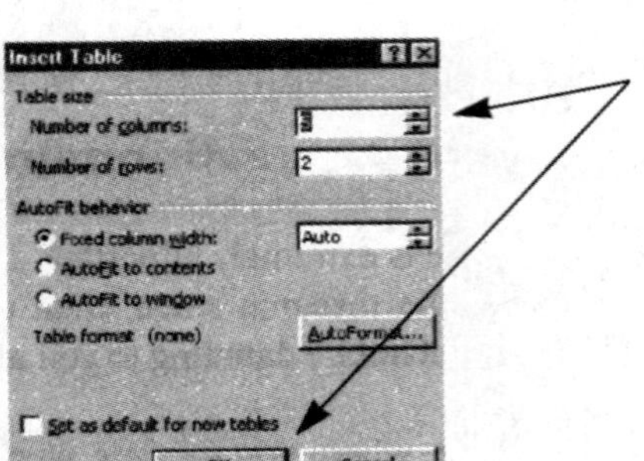

6.7 创建用于在互联网上分发的问卷

使用字处理程序包和电子邮件

如果你决定将问卷在互联网上分发给特定的讨论群体，那么使用特定格式设计问卷就非常重要，否则在发送时看起来非常不错的问卷可能在接收的计算机上显示会变得杂乱无章。仅使用字处理软件设计问卷的另一个缺点是，如果以某些方法绘制勾选框，很难确保被调查者能在方框中打钩或打叉。

如果你使用软件中的“符号”标记插入类似□的方框，那么尝试在其中插入一个叉看看。不可能是吧？如果必须使用方框，还是建议你使用“绘制矩形”图标绘制方框，虽然这样的方框也存在问题，即在接收者的计算机上查看，它们不再是对齐的。为了克服这一缺陷，你必须将文本或对象严格限制在已经绘制完成的表格中。

另一个问题出在为被调查者留出键入答案的空间上。仅仅留出空间并不总能奏效，其中的问题又使问卷的布局设计或多或少还是会脱离行列，无法对齐。

这些问题并不总会发生，但是如果在发送问卷之前没有时间了解Web页面，你可以将已设计完成的问卷通过电子邮件发送给数个好友进行测试。如果有些朋友能够收到一份完美的问卷并能够轻易完成问卷，而另一些朋友收到的问卷与原先设计的问卷看起来并不相同，而且在插入答案时（特别是在空白处键入文字）会有些许小问题，面对这种情况，你大可不必感到吃惊。

别认为使用字处理软件发送问卷是不可能的事。你可以向问卷接收者解释可能存在一些并不严重的显示问题，尤其在项目的对齐方面。倘若问题并未大到使问卷无法阅读的程度，这些接收者也可能会不在乎并不十分完美的问卷布局。

如果你正在使用微软软件，并希望在互联网上使用表格，在刚开始绘制表格时，请不要使用“插入表格”图标。这是因为绘制表格工具在边框的应用方式和单元格格式设置方面与插入表格工具有所区别，而且前者是在 Web 页面上兼容性更高的设计工具。

6.8 什么是 HTML 和 XML

万维网是成长最快的互联网资源，而超文本标记语言（HyperText Markup Language，HTML）是目前互联网支持的最通用的语言。几乎所有计算机都可以查看使用 HTML 编写的文档，所以如果你学习了基本格式命令，你的问卷就能够轻易地被接收者阅读。由其他计算机语言创建的文档也可以转换成 HTML 文档。

市面上有为各种不同的计算机系统编写的书籍，深入揭示万维网、Web 浏览器及二者与 HTML 的关系。其中有许多书籍详细解释了如何建成自己的网页并将其放置到互联网上。有些书还包括 CD-ROM 光盘，这些光盘教你如何创建非常复杂的 HTML 文档，并将其放在万维网上。但是这并不是本书的主题。本书是关于调查的，而将简单的问卷通过互联网发送到潜在被调查者则构成了调查的非常有用的一部分。如果在练习中你有兴趣了解更多有关 HTML 的知识，请到当地书店购买能供你的计算机系统使用的书籍。这可能是开始计算机世界之旅的起点。

互联网上有许多有关 HTML 的在线浏览器和帮助文件，你可以下载到你的计算机上。如果你选择这条路径，请务必确保你（或你的朋友）能够将受影响的默认设置设定正确。从互联网下载的程序在其他地方用可能会造成反冲光（repercussion），如果没有计算机技术专家在场，这将会很令人沮丧。

可扩展标记语言（Extensible Markup Language，XML）是另一种用于创建网页的语言，它与 HTML 非常相似，但是更为通用。两种语言均使用描述文档组件的标签系统，也都是所谓标准通用标记语言（Standard Generalised Markup Language，SGML）的子集。HTML“标签”指导浏览器对文档完成一些操作。由于这些标签主要关注数据的呈现方式，它们无法用于描述数据结构或文档内容。

XML 允许用户定义标签。这为用户提供了描述文档信息结构的能力。但是，这意味着标准浏览器将无法对这些扩展标签做任何操作。由于 XML 需要使用相关语言（可扩展样式表语言——Extensible Stylesheet Language，XSL）完成操作，这使得它的软件环境较为复杂。

除非你有难以抗拒的冲动要学习计算机语言的编写，你就不必了解更多这方面的内容了。但是现在，当你看到缩写字母 HTML 或 XML 时，已经有了大致的概念了。

6.9　将字处理文件转换为 HTML 文件

你可以使用字处理格式设计问卷，然后通过删除文件原先的扩展名（如 . doc）并插入新的扩展名 . HTML 来将其保存为网页格式。通过这种方式可以关闭字处理文档，并以能够在网络上发布的格式重新打开该文件。在使用这种方式时，请保存一份原始文件副本，以防万一需要重新思考战略。当进行文件转换时，字处理文档中的一些元素可能会更改，在使用电子邮件方式发送问卷前检查一下会有所帮助。这些改变可能是微小的，如几乎无法发现的字号变化，或者可能是使特定问题变得毫无意义的变化。

表 6—5 是当你将字处理文件保存为网页（即在使用“另存为”时将 . doc 更改为 . HTML）时可能出现的主要变化的简单列表。

如果你记住了这些可能的更改并在转换过程中修改问卷的原始设计，那么由于格式转换而花费时间对最初的问卷进行重新设计的可能性就更小。

如果你想知道这些“瞎操心”是否值得，那我就向你保证，如果时间允许，这是完全值得的。你不妨试一下，通常转换文件或甚至是仅仅通过网络发送字处理问卷对问卷的设计基本没有什么影响。

表6—5 典型的表格设计

使用的格式	文件转换为 HTML 文件后可能产生的效果
粗体、斜体和下划线效果	通常能成功转换，但是一些特殊的下划线效果，如虚线下划线无法转换或将被更改。使用此方法产生的虚线表明未成功键入答案
绘图对象，如文本框、阴影、自选图形	这些内容将无法保留。你可以通过插入 Word 图片对象使用 Web 网页授权环境中的绘图工具
大写字母下沉	大写字母下沉无法成功显示，其效果会在转换过程中消失。在 Web 网页环境中，你可以通过选择单个字母并单击“增大字号 A”来加大该字母的字号。或者，如果你具有该字母的图像，你也可以将图像插入文本
底纹、阴影、全部字母大写、小写、双删除线和加框文本效果	通常这些格式会消失，但是文本内容会保留
字号	使用的字号将被映射到可用的最接近的 HTML 字号，其范围为1号至7号。这些数字并非指字号，而是被用作 Web 浏览器字号大小的指导。这可能会改变你的设计
脚注和尾注	在转换过程中会消失
页眉和页脚	在转换过程中会消失
突出显示	在转换过程中会消失
页边距	页边距是可修改的。为了控制问卷的布局设计，可使用表格
分栏	分栏效果将消失。如果你想要多栏的效果，请使用表格
页面边框	由于 HTML 格式中没有与页面边框对应的效果，因此该效果将在转换过程中消失。如果你希望页面更有吸引力，可添加背景（格式—背景）
页码编号	页码编号会被删除
表格	大部分表格都可成功转换，但是一些在 Web 页面授权环境中不受支持的设置会消失。在设计表格时，最好使用绘制表格工具（通过依次单击“视图”、“工具栏”、“表格和边框”启动）。这是因为绘制表格工具在边框的应用方式和单元格格式设置方面与插入表格工具有所区别，而且前者是在 Web 页面上兼容性更高的设计工具
制表符	在 Web 浏览器中，制表符通常显示为空格，因此你可能希望使用缩进或表格取代制表符

6.10 设计网页问卷

在设计你自己的网页问卷之前，清楚地了解背景知识对你的工作将大有裨益。万维网可以网页形式发布信息，这些网页能够包括文本、图片、动画、视频、声音和指向其他网页的链接。通过单击插入到单个页面设计的链接，你可以从一个页面切换到另一个页面。

6.10.1 你的网页形象

对于构建和设计页面的最佳方法以及构成好的页面的要素，人们存在许多看法。你的问卷设计必定只能取悦一部分人，但是只要页面清楚、条理清晰并且能轻松完成，那么你的目标就达到了。为小型的调查设计问卷，设计时不必包括那些新鲜的玩意儿，如视频链接或动画，因为这些设计只能使你偏离主要目的，即收集数据。同样的，下载包含许多动画、声音等效果的网页耗时更长，成本也更高。即使你认为特殊效果非常不错，你的预计被调查者可能也不希望为看到这些效果而支付更多的成本。

6.10.2 网页设计的限制

出于 HTML 的独特性，在开始设计问卷之前需要了解一些限制。许多限制已经在表6—5中列示，因此在继续之前有必要将该表再通读一遍。熟练应用后，HTML 比 . doc 的功能强大得多。

6.10.3 从其他网站设计中学习

在调查的此阶段，你应该已经有了问题的顺序和内容的草稿，以及有关预计设计的大致意见。在开始设计你自己的网页问卷之前，你应该访问几个其他的网站，看看别人都是怎么设计的。

如果使用“问卷”、“问卷设计”、“调查”等关键词在互联网上搜索，你将对可供使用的丰富资源感到吃惊。你还会发现许多收费的公司和个人能为你制作问卷。

6.10.4 专门为在线问卷设计的软件

当你在互联网上寻找其他人的在线问卷的设计时，你会发现有关特定问卷软件的文章和广告，甚至还有在掌上电脑上运行的问卷软件，这使被调查者能够使用特殊的笔直接在手持屏幕上书写答案。对于需要在移动中填写表格的家庭拜访，或在贸易展上同时与好几个人打交道的销售人员，这种软件是很有帮助的。虽然许多软件不能用于小型的一次性调查项目，但是这些软件能让你了解这是一个多么大的市场，并且如果你决定要步入市场营销职业，你就应了解可供使用的资源范围。

6.10.5 网页基本设计培训

如果你时间充裕，看一两本专业书籍或参加夜校将有所帮助，这样你就具备了一些背景知识和实际操作经验，这会增强你的信心。在学校、学院和大学会开设许多短期且价格便宜的网页设计课程，有时还有周六的为期一天的课程。这就是你在起步时所需要的一切。Microsoft FrontPage 是新手软件中最流行的一个，你可以在 http：//wsabstract.com/frontpage.htm 上找到免费教程和详细指导。一旦你掌握了网页的总体概念，你就可以创建自己的网页了。

6.11 创建你自己的在线网页问卷

创建网页问卷最大的优点是问卷的设计看起来非常职业，而且当问卷返回时，答案非常明确——你不会弄错勾是打在哪里的，而在手工填写的问卷中，这个问题时常发生。

你可以轻易插入方框或选择按钮，被调查者可以单击他们想要选择的肯定或否定答案，然后在方框中将自动显示一个钩。或者你也可以插入方框，使被调查者可以通过单击问题旁边的向下箭头，从预先准备好的可选答案下拉菜单中选择答案。你也可以添加滚动条，使被调查者能够在文档中快速定位，或者使用背景纹理、格式效果或填充色，如果谨慎选择，这些都将使问卷更加赏心悦目。

网页问卷的重要特性之一是你能够保护问卷（保护格式），这样用户就只能输入你指定的信息。他们将无法删除文本内容或无意插入空格或其他不需要的格式，而这在通过互联网发放的字处理问卷中是会发生的。

在创建网页问卷时你可以组合各种不同的功能，如在对齐文字旁边使用表格，使用边框指定要填入答案的范围，使用底纹突出标题，或使用其他能使表格更易完成的特殊元素。

如果你使用的是微软软件，你可以使用所提供的向导示例网页（单击

“文件”—“新建”—“网页”，然后通过双击选择你想使用的向导）进行练习。当进行了充分的练习时，就可以根据草稿创建你自己的网页了。现在单击“空白页面”，检查“格式”工具栏是否启动（“视图”—“工具栏”）。记住，如果你想要使用表格，那么在设计表格时最好使用“绘制表格”工具（通过依次单击“视图”、“工具栏”和“表格和边框”启动）。

当完成在线问卷后，你需要为被调查者提供回信的电子邮件地址，并且最后附上简短的感谢信，这样做比较礼貌。

在给朋友发送试验问卷前，一定要阅读下面部分的内容，因为你一定不希望最终取消自己的电子邮件账户并阻塞服务器。

如果你觉得尚未准备好生成自己的网页问卷，但觉得使用字处理软件得心应手，可能你应该使用字处理软件编制问卷。将网页设计放到一边，直到你有时间专门研究其创建方法，而这往往会在调查完成之后。

6.12 开始之前的一点劝告

众所周知，电子邮件通信增长速度如此之快，以至于已经变得无法控制了。一些报纸的报道突出显示了收件人的电子邮件副本转发到其朋友时所涉及的问题。有时这是出于最初邮件发送者的鼓励或明确指示。我们都听说过人们发送疑似计算机病毒或无法控制的连锁信的可怕故事。这些病毒或连锁信会浪费人们的时间，这是最好的结果，但是甚至是出于好意的通信有时也会失败。

这类信息的增加使电子邮件系统面临压力。随着信息的转发，信息的标题上会聚集更多的名称，这使信息不断变得庞大，占用系统中更大的带宽。这些电子邮件浪费了时间和资源，并减缓了合法电子邮件传递。如果有人质疑电子邮件通信的速度和广度，请继续阅读下去。

根据加拿大在线新闻机构 Canoe 的 TechNews 网页上的信息，官员终止了加拿大新斯科舍省（Nova Scotia）某学校五年级的一个班级发起的互联网项目。在该项目中，学校一个班级的老师决定通过要求其 17 名小学生将以下信息发送给一个朋友来丰富学生的地理和计算机信息。

我们是五年级的在校生（此处给出学校的详细信息）。我们班上有 7 个女孩和 10 个男孩。我们决定实施一个电子邮件项目。我们很好奇，想看看在 4

月8日至6月7日之间，电子邮件能够传播到世界的哪个角落，希望能得到你的帮助。如果你收到了这封邮件，请：

（1）回复我们，并告诉我们你所在的地理位置，这样我们就可以在地图上做出标记。

（2）将我们发送的电子邮件发送给更多的人。非常感谢你的帮助。

我们的电子邮箱地址是……

根据Canoe的记录，这项班级项目始于周三，到周四上午已经有了208个回复。该数字继续上升，当此电子邮箱账户被关闭时，每小时能收到大约150个回复。回复的电子邮件来自遥远的沙特阿拉伯利雅得、波斯尼亚—黑塞哥维那的萨拉热窝以及拉斯维加斯，以及距离巴西海岸数百英里远的地方。该班级的老师说，他们开始时每次收到回信就会用彩色的图钉在墙上的地图上标记，但是很快他们就用完了彩色图钉。

取消该电子邮件账户似乎是唯一的解决方案，但是根据Wired News网站的观点，这仍然是不够的。

在服务器阻塞并取消了电子邮件账户后，电话和传真就蜂拥而至。信息甚至通过离奇的通信模式——邮局纷至沓来（Wired News，1999年6月11日）。

这并不是出于好意的电子邮件最终演变成无法控制局面的唯一例子。这也是建议你将电子邮件发送给区域团体（在第5章中已讨论过）的原因。

比较明智的做法是在电子邮件的起始就写明，在给定日期后数据即无效。不要为被调查者提供过长的时间，大多数信件应该在一天左右获得答复，因此一周（或最多两周）就足够了。同时，让你的收件人了解你不希望他将问卷复制并发送给他的朋友，因为你没有资源和时间比较和分析大量的问卷。在问卷最初开始的地方就写上这些指示也是很重要的，因为在他们看完问卷之前就可能转发邮件。

第 7 章

分析数据

Part A

当你开始分析收集到的数据时，你一定不想陷入写字台上一堆凌乱不堪的纸张中。在进行小型调查时，在你计划分析数据的目的时还需要同时计划如何收集这些数据，这一点很重要。数据的记录方式应该能够促进以尽可能方便的方式对其进行分析，因此在调查阶段的早期作出决定对数据分析的历时长短和难易程度有关键性的作用。

首先，你必须确保你对所收集数据的分析是真实而准确的。所有的数据都需要仔细查看，而且如果你在初始时就很好地设计了数据收集的焦点，你现在就应该能够生成有意义且无偏见的解释。

你不需要是数学天才或统计专家才能学会以下的分析方法。许多人一听到“数学”这个词就会感到绝望，但是请不要从这方面考虑下去，而是将这一阶段想象成一个激动人心的过程——你就要测试你的假设是否正确，并发现别人是否支持你对调查主题的看法了。

7.1　定性观察研究

我们假设你的研究目的是调查公司食堂的使用状况。公司管理层可能想要了解为什么更多的员工不使用食堂。你最初的感觉是食堂的布局错了，没有足够的就坐空间，而且用餐者感觉价格过高。

你将调查分为两个不同的部分。第一部分是由一部分员工完成的问卷，这些员工并不一定是食堂的使用者。第二部分是由你自己开展的实地调查工作，以固定的时间间隔在每天不同的时间段坐在食堂的角落里记录食堂中发生的事件。现在，你结束了调查，获得了25页手写的A4纸大小的笔记，以及数张打钩的列表，记录了以下内容：用餐者仅购买了冷饮或热饮的次数、用餐者的性别，或在既定时间点有几个人在排队。

你从何处着手分析呢？在你坐在食堂里的时候，会有规律地发生一些特殊的事件。也许餐具盒会定期没有干净的汤匙，或者潜在用餐者迈入大门发现排队的人很多，然后离开了。希望在你的笔记中记录了这些事件，以及事件发生的时间。现在你需要做的就是提取这些信息，将它们归入不同的类别。

分析工作可以从在A4纸或一张大的卡片上书写总标题开始。你可能会发现横向用纸（更长的宽度）会更有帮助。在上例中，一些标题可以是：

排队

用餐者

员工

洁净程度

餐具/瓷器

在主标题下，你需要在纸面上画出数栏将信息进一步分类。“用餐者”标题可以如下所示：

用餐者						
时间	性别	地点	问题	结果	是否涉及员工	评论

事后很容易想到，如果事先准备这样的表格将对调查活动很有帮助，但在很多情况下，你对可能发生的情况一无所知，这就是调查的本质。然而，你也可以在调查最初开始的时候预测可能发生的情况，并创建某类表格（为意外情况留出足够的空间）供调查时使用。

通过手写有条理地进行记录，并将信息转换成具有不同标题的表格，在记录中打钩。在最上方添加个人代码能够确保将书写内容降至最少，例如，如果所有事情都顺利，则插入一个勾号（√）。随着你对越来越多的信息进行转换，你的表格可能就如下表所示了：

用餐者						
时间	性别	地点	问题	结果	是否涉及员工	评论
上午8：30 X　8：35 X　8：37 X　8：40 X　8：44 X　8：50	F F×2 M M×3 F&M M×2	餐桌	没有糖	从另一张餐桌上拿到	N	3/4的餐桌上没有糖
8：40	F	餐台	等待——没有员工收钱	朝厨房里的员工叫喊	Y	在叫喊前等待了两分钟（买了热菜）
8：55	M	餐桌	打翻了咖啡	去餐台（并将抹布还给餐台）	Y——还抹布	用餐者擦了餐桌但是地板仍是湿的
9：00	F员工	食堂	将餐桌上所有糖罐添满糖，但是没管湿的地板			

字母含义：√＝所有事情都顺利；X＝同上；Y＝是；N＝否；F＝女性；M＝男性。

从这些已给出的少量信息已经可以很容易地建立起印象。看起来许多员工都会一大早在开始工作之前到食堂购买咖啡，那么为什么食堂的员工不早点将糖罐灌满，或在前一天晚上就做好这个准备呢？如果在8：30至9：00之间会涌入大量用餐者，也许就需要重新调查食堂员工的时间表了，也许在这个期间内需要在收银台一直有当班的员工。也许还需要考虑提供的食物，如果在菜单中加入热奶油土司或燕麦，销售情况可能会很好。

当调查人员将这一调查的结果与同时使用的员工问卷所得出的结论相比较时，也许就可以对员工不使用食堂的原因有大致的了解。

基于事件发生的次数，你可能会希望将数据进一步分解为数据格式，例如：

在12：00至13：00之间：

12名员工无法找到餐桌

22名员工朝食堂看了一眼就走开了

4名员工不得不寻找满的盐罐

2名员工在餐具归还处被随意堆放的盘子磕到了脚踝

使用食堂的员工数量：

上午8：30至9：00＝49

上午9：00至10：00＝10

上午10：00至11：00＝41

中午11：00至12：00＝2

下午12：00至1：00＝155

下午1：00至2：00＝109

下午2：00至3：00＝15

下午3：00至4：00＝35

下午4：00至4：30＝6

……

如果有意义，你还可以将这些数据继续按性别或年龄进行分解。

你可以考虑将大部分此类数据的已分析的结果以图或表的形式展现出来。这样做是很值得的，因为图或表的形式更有影响力，且与数页书写的描述相比调查结果更是一目了然。但是，当你书写调查结果时，会更容易单独总结一些总体概念或个人观点。

7.2 音频/视频数据

音频或视频数据既可能是你自己获得的原始数据，也可能是由你想要调查的对象生成的存档数据。要分析此类资料，调查者需要大致了解自己想从呈现在面前的“快照”中寻找或提取的对象是什么。使用此方法收集数据的优缺点已在第3章（参见3.10节“观察”）中述及，但是无论是分析原始数据还是存档数据，能否成功提取有用数据都取决于同一件事，即调查者的准备工作。

为了观察行为，音频或视频记录可能已经使用，但是在很多情形下，行为是非常复杂的，以至于无法单独划分清楚所发生的事件。观察性研究存在的最大问题之一是要使数据有意义是一件非常耗时的事，而且由于调查者的疏忽会造成许多证据丢失。为了解决这一问题，需要事先进行分类，并且记录就行为种类作出的决定。对于“正确”行为和“错误”行为，以及“正常”或“可接受”行为必须进行定义，以便使调查者在开始调查或倾听证据之前有一个明确的标准。

例如，让我们想象一项调查，其目的是要发现访问者对公司的最初印象如何。除了向客户和接待人员使用问卷外，同时也对接待处繁忙的上午进行了录像。录像能使调查人员查看人际交往的顺序，其中包括每个人的完整语言、手势和姿势交流。调查人员可能决定除了管理流程外还专注于接待人员的动作和手势。草拟的列表可能如下表所示：

用餐者 M=男性 F=女性	迎接前等待的时间	接待人员是否立即向用餐者微笑		接待人员的肢体语言		接待人员是否独立处理用餐者的要求		用餐者是否需要等待		如果需要等待，是否有座位		总等待时间	注意 *仅有三把椅子，其中一把上还堆放了包裹
		是	否	热情的	不热情的	是	否	是	否	是	否		
2M	15 秒钟	√		√			√	√		√		5 分钟	
M	25 秒钟	√		√		√			√				
F+儿童	20 秒钟	√			√		√	√				6 分钟	*没有空椅子了

在查看视频之前，调查人员应该对接待人员热情的和不热情的肢体语言进行列表，且能够在视频播放时根据列表进行检查。Bales（1950）设计了在研究小组讨论时观察性研究的草拟列表。例如，他将行为分为以下类别：

- 情绪上的积极回应，例如赞同；
- 解决问题式的回应，例如对于处理所给出的意见的答案；
- 解决问题式的回应，例如对于处理所要求的意见的答案；
- 情绪上的消极反应，例如反对意见。

事先列出不同类别的优点在于观察者能了解要寻求什么，而且仅在一个列中打个勾比努力记下所发生事件的细节要容易。

决定了要观察的行为并草拟了必要的列表后，调查人员就准备就绪，可以查看视频，并在合适的列中打勾了。使用视频的优点在于如果行动“非常快”或“令人迷惑”，就可以返回重新查看。在此阶段，通常先开展试运作以发现列表或技术中存在的明显错误是有所帮助的。

要建立观察的可信性，调查人员应该争取一两个同事的帮助，这些同事愿意观看相同的视频并对照列表进行评分。

虽然如果只有声音，许多可视信号都会丢失，但是以上的建议对视频和音频记录是同样适用的。然而，对于音频，我们仍然可能在语调或可能是尴尬或个人感情而导致的停顿中获得蛛丝马迹。在某些调查情境中，在分析材料之前有必要逐字进行记录，这是一个非常耗时的任务，特别是如果调查人员不得不速记文本时更是如此。

7.3 对数据进行编码

当调查涉及许多开放式问题时，分析有时会成问题，需要仔细处理。

7.3.1 简单编码

如果被调查者被限制在问卷中有限的空间中填写个人意见，那么在某种程度上分析过程会简单些，因为他们将在问题的框架内给出答案。一旦收集了问卷中的信息并有时间大致看一下单个的回应，则起草一个简单的编码框架可能会对分析过程有所帮助。

在上文中提及的食堂的调查中所使用的问卷可能包括这么一个问题，该问题使被调查者能够有机会就如何改善食堂状况提出个人意见。此问题的回答很可能归入可预测的类别，如降低价格、提高服务质量以及改善食堂环境等。你可以将这些类别编码，将降低价格设为01，将提高服务质量设为02，将改善食堂环境设为03，依此类推。如果回答可以归为事先已编码的类别，那么你所需要做的只是在问题旁边写上数字即可。

7.3.2 单独主题数字编码

通常我们总是会得到不属于已编码领域的答案，这时调查人员就需要决定该答案是否足够重要，需要在评论中提及。可能会出现之前未被考虑到的非常重要的评述，如果有时间，调查人员会希望继续跟进该评述。

如果开放式回答是个别的，可能比仅仅包含一句话的答案更有深度，那么可能调查人员会希望将这些评述或意见作为整体的一部分包括在评论中，有时还可能逐字引用某个评述。一些调查人员通过将相关信息的整个段落转化为主题表来组织这类信息。例如，如果调查是有关21世纪十几岁的在校少年的，且调查人员已经对这些少年开展了一对一的深入访谈，很可能这些访谈将产生数量众多的手写笔记，而这些笔记都是需要分析的内容。

可以通过为年轻人提供单独的编码数字来进行分析，这些数字能帮助减少所需要的书写量。你可将相关的主题标题（例如家庭经历、朋友、家庭、用药情况、学校情况等）写在A4纸的顶部，每次每位少年可以就一个特定主题（归于主题标题之下）进行讨论，然后可在适当的页面上为其制作索引。这些步骤可以以下方法进行：

（1）如果调查人员的笔记便于阅读，可以使用彩色纸为与每个少年进行的面谈笔记制作单面影印版本。这样，每次当少年谈论了能归属于主题标题内的主题时，就可以非常简单地将信息剪切并粘贴到相关的标题页上了。所采用的纸张的颜色能够即刻给出所调查少年的身份信息，这就可以不必使用编码数字了。

（2）一旦从笔记中提取了所有的相关信息，就应该不会再需要原始版本的笔记了。但是在调查完成之前还是不能丢弃这些笔记，以防需要进行一些验证工作。这种方法的缺点在于，在记录真正有用的信息之前，原始版本的笔记可能会包含许多冗长的废话，这可能会使得调查人员反复阅读不重要的内容。

（3）调查人员可以提取出重要的信息，并将之转化成与相应主题相关的仅包括要点的精简版本。十几岁在校少年的编码数字以及从中得出的总结需要被添加到表格中，以防有些问题有参考原始资料的必要。

（4）最后，将上述的第二种方法（调查人员总结信息）与在校少年可能提出的任何相关论述的完整措辞或重要问题相结合。这样做的好处在于，当作出最后的书面报告时，调查人员可以立即掌握他们想要包括在最终文档中的个人意见和评论。

通过将信息归组于主题标题下，调查人员能够轻易地看到某主题被提出的频率，也可以从调查中总结出回应者之间的相似之处以及出现的任何问题。根据报告，就能够在一起参加社交活动的朋友这一问题来说，可能十几岁在校女生的朋友比在校男生的少。

进一步的调查可能显示，虽然女孩的朋友只有一两个，但是她们之间的关系更加亲密，她们会相互支持，分享秘密，而且通常能形成更为紧密的联盟。发现这一问题后，调查人员可能想要看一下是否这一问题在此年龄段中为普遍现象。调查结果可能导致一个全新的调查领域，或最少凸显出一个以前没有考虑过的领域。

7.4 使用总结表对问卷进行编码

一旦收集了所有的问卷，调查人员需要从中提取他们所需要的信息。这看起来可能是纯粹的技术工作或是一项简单的工作，但是其实这也会是困难重重的，特别是当问卷中使用了大量开放式问题时尤为如此。

当调查人员处理已完成的问卷时，需要一张能够记录所有选定项目的表格。理想状况下，这张表格应该在准备实际使用的问卷时就进行设计，并在检测问卷阶段中使用该表格。事先准备这张表格能够节省大量分析时间，因为这样能更便于在发送实际使用的问卷之前消除其中所有的“错误”。

下文显示了之前论及的部分 Youth 俱乐部调查的总结表（见图 7—1）。请重点关注对开放式问题的处理方法。可能记录开放式问题并不那么容易，如图 7—2 所示。有时回答是“冗长的”或较复杂的，而且如果情况确实如此，最好将答案记录在单独的总结表中。总结表中仍然可以使用问卷数字，这样就可以在必要时参考原始数据。

将调查表中的信息转移到总结表这一过程是枯燥无聊的，而且如果问卷的回答并不完善，或总结表未在问卷的最初构思阶段准备就绪，则还可能出现问题。但是，作为调查程序的一部分这是必须要完成的步骤，而且最好能安排大块时间迅速完成这一工作。如果你将此工作拖上数个星期，你将对整个过程完全厌倦。请记住，在调查完全完成之前一定要保存所有原始问卷，以防万一需要查阅时使用。

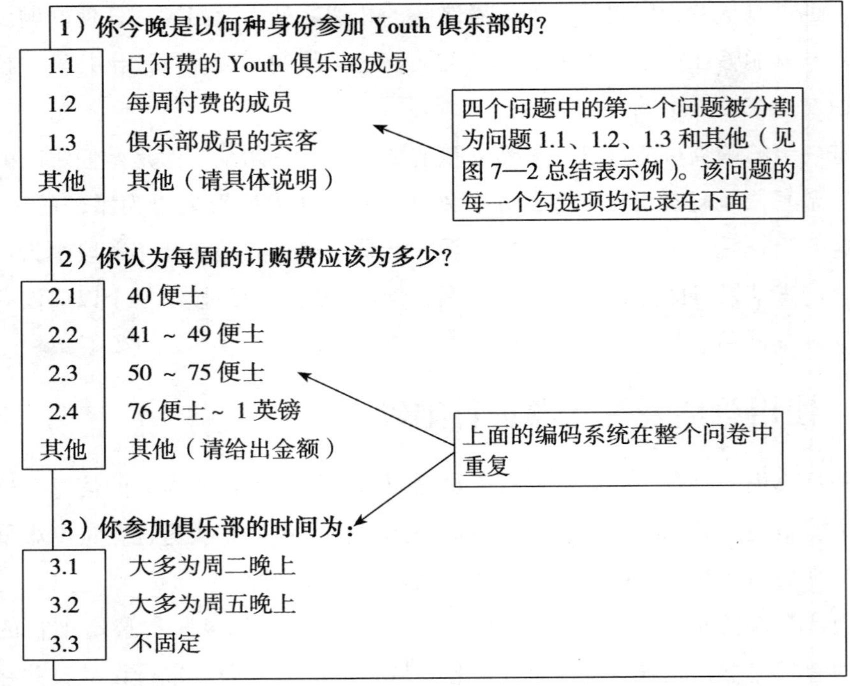

图 7—1　问卷编码示例

编号	问题 1				问题 2					问题 3		
	1. 1	1. 2	1. 3	其他	2. 1	2. 2	2. 3	2. 4	其他	3. 1	3. 2	3. 3
1	√				√						√	
2		√					√				√	
3		√							35 便士			√
4			√			√						√
5	√						√			√		
6				撞门客					免费			√
7		√						√			√	

注：编号指问卷的数字，如果在问卷的右上角标注了所有问卷的编码，在有必要时就能轻易参考原始数据。在此问卷中的开放式问题并不是很成问题，因为答案受到了一定的限制。就问题 2 而言，答案只可能是金额，因此当总结表完成后，答案会很直观，而且很容易看出是否出现了任何常规的模式。

图 7—2　总结表示例

7.5 做表格

在大多数调查中，一旦完成了数据搜集、编码和分析工作，这些数据将以某种形式的表格呈现。这一过程并没有特别复杂之处，而仅仅是需要将不同的数据结果计入不同的类别中。一个简单的示例见表7—1。

表7—1 **表格示例**

六年级学生政党偏好	
政党	**学生人数**
保守党	29
工党	35
所有其他政党	14
无	12

但是，通过以最简单的形式显示信息可能会导致有用的特定细节的丢失。例如，在表7—1中，读者可能希望能够了解一些性别的细分信息以及学生所接受的考试科目的细节信息——对于那些参加政治课程的学生，他们的观点可能不同于其他学生的观点。可能父母的意见或选举倾向对学生的观点会有所影响。除非你事先计划搜集这些特定的信息，否则在分析时你将明显无法呈现这类详细信息。

在调查的计划阶段就对需要什么表格有所了解将是有帮助的，因为这将有助于澄清调查目标，并能用于检查在调查过程中是否相关信息已经被搜集。但是，在计划阶段中准确设计表格是不可能的，因为许多表格在最初的结果分析完成之前是无法确定的。

7.6 列联交叉表

定量社会科学研究结果常常以列联交叉表方式呈现。当你想要一次显示回应者如何回答两个或更多问题时，你可以在列联交叉表中清楚地显示结果。

表格始终需要一个不解自明的简单名称，而且为了达到最大的影响力，它们仅能显示你希望表格所阐述的相关要点。列示统计数据所依据的数据标示（无论是作为副标题还是作为注释列示在表格下方）也是非常有帮助的。

如果调查是有关十几岁少年看电视的时间，列联交叉表结果可能会如表 7—2 所示。请注意表格的自明标题。

表 7—2 **表格示例**

每天看电视时间超过 4 个小时的十几岁少年的百分比（结果 1 的表）				
性别	13 岁	14 岁	15 岁	16 岁
女	49%	58%	87%	65%
男	32%	60%	89%	55%

注：调查对象为 200 名 13 岁至 16 岁的少年，其中男女比例为各 50%。

在此表中一眼就能看出不同年龄类别每天看电视超过 4 个小时的男女生百分比。请注意，表中统计所依据的数据信息在表格下方的注释中显示。这张列联交叉表为读者提供的信息显然比表 7—1 所提供的更多。

7.6.1 制作列联交叉表

要制作列联交叉表，你必须首先确定自变量（通常为列标题）以及因变量（通常位于行中）。列联交叉表呈现了一个变量（自变量）类别如何分布于另一个变量（因变量）类别的情况。这使调查人员能够看出变量之间是否存在关联模式。

在表 7—2 中，情况也许是收集的其他数据给出了造成调查结果的可能理由。例如，可能家长更多地控制 13 岁到 14 岁孩子看电视的时间，或可能通常给予 16 岁孩子的额外自由使他们能选择与朋友外出而不是待在家里。调查可能突出以下事实，即女孩会定时观看肥皂剧，而男孩对此的兴趣不高，他们更愿意花时间玩电脑游戏。一个更复杂的列联交叉表是呈现此类关联模式的方式之一。

复杂的列联交叉表（有时称为相依表）能在数据集的数个变量之间描述并分析数据，通常行和列都具有各自的总计数。在这种多面数据表格中，即使调查人员能够首先确定所有变量，要向读者显示在变量之间可被找到的因果关系的性质也是比较困难的。

7.6.2 阅读列联交叉表矩阵

每个单元格内包含的数据即为统计信息。表 7—3 显示了成年人对日报的满意度。作为调查的一部分，同时也收集了每个回应者的最终受教育程度的数据。

表7—3 **对日报的总体满意度**

满意度					每个满意度评级的最高教育程度（%）				
非常满意	满意	不是很满意	并不定期购买日报	其他	无正规教育	最少通过1至5门GCSE考试	最少以一个A或A/S等级通过考试	大学学位	高级大学学位
√					36	18	20	16	10
	√				20	14	14	32	20
		√			10	32	21	10	27
			√		10	25	18	19	28
				√	24	11	27	23	15
				合计	100	100	100	100	100

注：共有160位男性和150位女性完成此问卷。

自变量解释并预测了结果或回应，而结果或回应即为需要研究的因变量。在表7—3中，自变量“非常满意”显示了有关对日报非常满意的具有高级大学学位的读者的因变量为10%。除非正在研究的变量具有人口统计学特性，自变量由研究目标决定。例如，如果研究目标是确定是否人们对报纸的满意度会受到其受教育程度的影响，那么满意度水平就是自变量，而受教育程度是因变量。

7.6.3 计算列联交叉表格

可以用普通的计算器计算列联交叉表格，然后将信息以表格形式呈现。如果要分析的数据规模很小，这么处理将是最简单的方法。但是，如果你收集了很多数据，或者你已开始享受让计算机帮你完成所有工作，那么请阅读能帮助你完成所有工作的计算机软件信息。具体请参见常用的专业软件包，如SPSS、Ethnograph和NUD * IST（将在后文提及）。你所需要做的只是让计算机使用字处理软件或电子表格软件为你草拟表格。如果想要了解如何草拟表格，请参见6.6节“使用计算机设计问卷”部分。

7.7 不同数据的衡量指标

衡量调查结果的方法很多，通常在小规模调查项目的此阶段，调查人员会感觉没有足够的能力来关联数据。将收集的材料转化为富有意义的数据取决于调查的设计以及选择的调查方法，但是通常定量数据分析和定性数据分析之间会存在差别。Hitchcock 和 Hughes 简单地比较了两种类型的分析：

定量分析主要涉及特定事件的数量、程度、频率或模式的衡量，以便获得一些总体的结果。作为对比，定性分析致力于对情境的约束，其焦点主要在于确定所讨论的社会情境以及行为主体的意义（Hitchcock and Hughes，1992：73）。

受限于其规模，小规模调查可能无法得出总体的调查结果。如果你只与少量人进行了面谈，则你无法总结出任何结论，但是小规模调查结果仍然是具有启发意义并富含信息的，它也是能为组织或教育机构带来变化的手段。

小规模调查的调查人员需要意识到一共有四种主要的数据衡量尺度，下文将对这四种尺度进行解释。

7.7.1 名义尺度

名义尺度类别的衡量标准完全不同，它无法以任何方法进行测量或衡量。名义尺度的例子如下：

男性/女性；

是/否；

用户/非用户。

名义尺度是最简单的衡量尺度，如果类别中不存在顺序关系（如眼睛的颜色），则这样的数据被归类为名义尺度。

7.7.2 顺序尺度

顺序尺度是以某种方式排列数据的名义尺度，通常按照量级顺序进行排列。如果列表显示 A 打网球比 B 好，但是没有显示“好多少”，这就是一种顺序尺度。

学校成绩单通常使用顺序尺度格式。父母能从成绩单中了解到他们的孩子数学考试得了第三名，但是并不能看出不同名次孩子之间的分数区别。也许第一名的孩子答对了 85% 的问题，而第三名的孩子只答对了 30% 的问题，但是对父母而言，“第三名”就意味着取得了很好的成绩。

在问卷中，顺序尺度可能是要求回应者从相关列表中进行选择，与下面所显示的类似：

我完全同意 □

我同意 □

我没意见 □

我反对 □

我强烈反对 □

要衡量对此问题同意或不同意之间的准确差别是不可能的，所能做的仅是将差别按顺序进行排列。

使用顺序尺度进行衡量仅是根据更高的数量代表更高的值进行排序，但是数量之间的差额并不一定相等。在顺序尺度中没有“真正的”零点，因为零点是任意选择的。

如果数据间存在顺序即可归为使用顺序尺度进行衡量，例如社会经济状态和考试结果等。

7.7.3 区间尺度

区间尺度与顺序尺度相似，但是前者具有两点间的区间，以显示相对数量，因此统计结果更有意义。最常见的区间尺度的例子是华氏温度尺度。华氏45度和华氏55度之间的区别与华氏65度和华氏75度之间的区别一样。相等的间隔衡量了相等的数量。

区间尺度不具有“真正的”零点，因此无法说出一个值比另一个高出多少倍。例如，如果你衡量的是焦虑的程度，你不能说得分为30分的人其焦虑程度是得分为15分的人的两倍。

如果将区间尺度用于衡量IQ值，IQ值分别为110和90的两个人之间的智商差别与IQ值分别为70和90的两个人之间的智商差别是一样的。这在实践中能否得到证实是非常令人怀疑的，所以还是将此数据视为顺序等级数据比较合理。

7.7.4 比率尺度

比率用于比较数字。例如，一个朋友正在搅拌水泥用于建造院子。他使用4铲子沙子和砂砾，以及1铲子水泥。在这个例子中，比率是4:1（符号“:”即为比号）。比率就像是分数，对分母和分子须作同样的变动。因此，如果上例中的比率加倍了，即你的朋友使用了8铲子的沙子和2铲子的水泥，你可以将比率表述为4:1 =8:2（4×2 =8，1×2 =2）。数字并没有改变，而且也没有必要首先使用最小的数字。

如果具备了某些基本的信息，计算比率是件很容易的事。在本章开始讨论的食堂调查案例中，你可以计算出已销售的各种饮料的比率。例如：

8杯咖啡/4杯茶/4杯软饮

咖啡、茶和软饮的比率为8:4:4

你也可以使用分数所使用的方法使数字变小，即除以相同的数字，这样上述数字即可表达为2:1:1（即每个数字均除以4）。

如果将这些数据放大以反映更高、更符合实际的数据，并且食堂每天会出售800杯咖啡、400杯茶和400杯软饮，同时你的调查就是要使食堂能够随着经营成本的激增轻易地计算出需要支付的费用，那么即使实际数值再大，比率仍将是2:1:1。如果你将每杯咖啡的价格增加5便士，但是将每杯茶的价格减少5便士以便减少咖啡价格增加的冲击，同时保持软饮的价格不变，则仍将获得更多的收入，因为咖啡和茶的比率为2:1。这样，你将因咖啡价格的增加而额外获得40英镑（800×0.05）的收入，同时因茶的价格的降低而仅损失20英镑（400×0.05）的收入。此情境还需深入考虑，除了价格和销售量外还需要考虑其他所涉及的因素，但是它使你对比率尺度的使用有了初步的了解。

就如区间尺度一样，比率尺度中相等的差别也代表了相同的数额，不同的是在比率尺度中可以有效使用绝对度量。

7.8 其他类型的变量

在统计学中，变量通常意味着每个样本单位所收集的数据。存在着两种广义的变量类型——定性的和定量的（数字的）。如有需要，这两种类型可以进一步分类为子类型，其中定性数据可能分为序数的和基数的，而数字数据可以是离散的。

7.8.1 定性数据

如果对数据的观察是单独且独一无二的，则称数据是**定性**的。例如，一个部门中的员工人数，一个班级中的学生人数，女性人数以及男性人数等等。

所有的定性数据都必然是离散的，即观察数据的类别数量是有限的。如果在类别之间不存在自然顺序，则数据可进一步被分类为基数数据（例如眼睛的颜色）；如果类别之间存在一定的顺序（如20～30岁、31～40岁、41～50岁等），则数据为序数数据。

7.8.2 定量数据

当定量观察数据是数字的，则数据为离散的，例如一天内出售的咖啡杯数，或每天吸烟的在校学生人数。

如果衡量的取值在同一个范围之内，则可以认为数据是连续的，例如每天吸烟的、年龄为14岁的在校学生人数。

诸如年龄、性别等的定量数据被称为变量，因为它们在不同的调查中的取值是各不相同的。

7.9 平均数

在撰写调查结果时最好能够避免使用"平均数"（average）这个词。平均数通常是指算术平均数（具体描述见下文），但是这个词同时还可以表示中位数、众数、几何平均数等含义。为了避免混淆，也为了更为准确，在你的陈述中请使用正确的术语来总结你是如何得出结果的。主要的术语总结如下：

7.9.1 算术平均数

在统计数据中，通常会在平均数之前加上"算术"两个字，因为在数学中还有其他"平均数"的概念。平均数是通过加总一系列数字或数量，然后将总值除以这一系列数字或数量的个数得出的。如果你想要找出分别以3英镑、5英镑和4英镑购买的物品的平均成本，你需要先得出英镑的总数（$3+5+4=12$），然后除以购买的件数（3），即可得到算术平均数为4英镑（$12\div 3=4$）。在这个例子中，平均成本为4英镑。

（1）何时使用平均数。在小型的调查中，如果收集的数据包括一张需要除以总数量的列表，以便突出需求或突出需求短缺，或突出员工压力等数据，则可以使用平均数。如果你的调查目的是得出在给定时间段内在岗员工接到的电话数量，则仅需将总的电话数量除以员工人数即可。

（2）呈报调查结果的方法。可以使用条形图、柱状图、矩形图和书写数据等方式呈报调查结果。

7.9.2　众数

对于列表来说，众数是最常出现的值。要了解数据是否具有众数值，你需要关注重复出现的值。例如，如果你发现在计算和分析员工获得的工资时，由于多数员工的工资都在一组数字之内，这组数字会特别突出，那么这组数字即为众数（见表7—4）。

表7—4　　众数示例

年薪数据组（单位：英镑）	该组中全职员工的人数
10 000 以下	21
10 001 ~ 15 000	40
15 001 ~ 20 000	189 ← 此数据即为众数
20 001 ~ 25 000	56
25 001 ~ 30 000	9
30 001 以上	4

（1）何时使用众数。当明显具有一个或多个反复出现的数值时，在列表中可以有超过一个的众数。

（2）呈报调查结果的方法。可以使用矩形图、条形图、柱状图、散布图、饼状图和书写数据等方式呈报调查结果。

7.9.3　中位数

列表的中间值即为中位数。如果按照从小到大的顺序排列数据，且数据如下所示：

1、1、2、2、2、3、3、3、3、4、| 4、4、4、4、5、5、5、6、6、6

两边的数字个数是相等的，所以中间值（或中位数）是在第一个4和第二个4之间。因为相邻的两个数字是一样的，所以我们可以轻易得出中位数是4。但是如果相邻两个数字是不一样的，又如何确定中位数呢？如果中间值出现在4和5之间，则中位数为两个数字之和除以2，即（4+5）÷2=4.5。

（1）何时使用中位数。只有当数据能够按顺序排列的时候才可以使用中位数，所以如果上述的数字为医院病房中儿童的年龄数，可以说中位数为

4 岁。

（2） 呈报调查结果的方法。可以使用线条图和散布图来呈报调查结果。

7.9.4 算术平均数、众数和中位数，哪一个更贴切

调查人员应该决定哪种方法是计算并呈报其统计数据的最佳方法，而重要的事是能明确地解释所使用的系统。遗憾的是，有过多的经验不丰富的调查人员用相同的词，即平均数来形容算术平均数、众数和中位数。

你选择的方法应该是在统计证据上有关联的。例如，你的统计对象是一个大型公司的高层管理人员，这些高层管理人员的年薪分别为 10 位董事每年 40 000英镑、一名主席每年 150 000 英镑和一位副主席每年 100 000 英镑，且你使用的是众数（最常出现的一个数据），则你最后得出的数据将是 40 000 英镑。

然而，如果你想要将统计的重点放在不同的方面，假设你是公司的人力资源官员，你想要了解大多数高层管理人员的高薪酬水平，你很可能使用算术平均数计算数据。

40 000 英镑 ×10 +	100 000 英镑 +	150 000 英镑	=650 000 英镑 ÷12	=54 167 英镑
10 位董事的收入总和	加上副主席的工资	加上主席的工资	所有工资总和除以人数总和	高层管理人员工资的算术平均数

也许迪斯雷利（Disraeli）的论述是有一定道理的，即：“有三种类型的谎言……谎言、该死的谎言和统计数据（马克·吐温在《马克·吐温自传》（*Autobiography of Mark Twain*）中也提到过）。”

7.10 数据呈报

呈报数据是非常重要的。通常在传达相同的信息时，与书面解释相比，图表能使读者更轻易地立即了解你想要传达的信息。比较一下图 7—3 和图 7—4，这两张图表达了同一个事件，但是一个是通过书面形式表达的，另一个是通过柱状图表达的。你会对哪种表达方式更感兴趣呢？

调查仔细查看了过去12个月的学校缺课记录。100名12岁至14岁的学生中大部分在本年度的某个时间内有过缺课记录。合计缺课时间从1天到6周不等。尽管与男生相比，女生历时一天或最多达一周的短期缺课次数比较多，然而男女学生的总缺课时间区别不大。与女生相比，男生的缺课期间更长。男生和女生均没有超过6周的连续缺课。

图7—3　书面数据示例

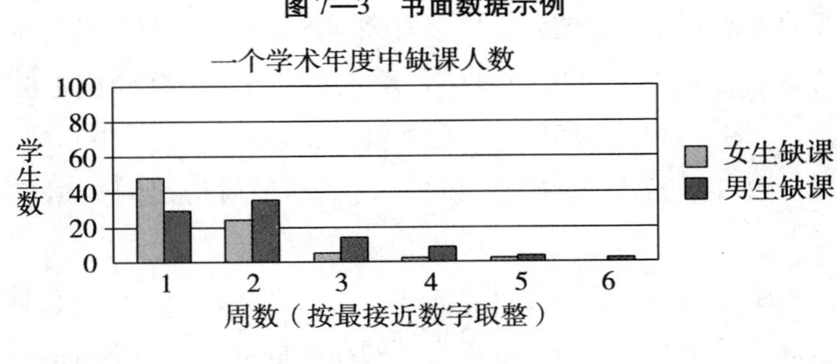

图7—4　柱状图示例

以图形或图片形式呈报数据的方法多种多样，通常图片、图表都是呈报具有统计性质数据的最受欢迎的方式。你只要看一下报纸和电视广告就可以发现这一点了。

但是，在使用图表或图片时，你可能有意无意地错误呈报数据。你需要有区别地评估你的工作，并尽可能以此种方式公正地呈报数据。Hoyle重点强调了这一点：

具有相信对公众有利的观点的个人可能会不明智地将具有偏见且错误呈报的数据以自认为是真实信息的方式传递给别人。你应该对自己的工作和其他人为你呈报的数据持有批判观点，以发现其中的缺陷（Hoyle，1988：291）。

要求同事对你的调查结果进行验证是将可能不明智地包括在调查报告中的偏见降到最低程度的一种方法，尤其是当你选择了一名虽然对调查领域感兴趣但却不会别有用心的同事时。

除非用电脑生成图表和图片，否则这将是件费时的工作。本章Part B部分将解释如何通过让电脑完成所有的工作来生成以下所列示的表格。

但是，也可以使用传统的方法和在图后附上简短的数字说明来获得上文所示的图形呈报。如果你需要真实计算中更深入的数字内容，则需参阅有关生成图表的特定书籍（见书后的参考书目或咨询当地图书馆和书店）。

以下列示的是最普遍使用的呈报方式：

7.10.1 饼状图

将统计数据细分成不同的部分进行呈报的最简单的方法是使用饼状图（见图7—5）。

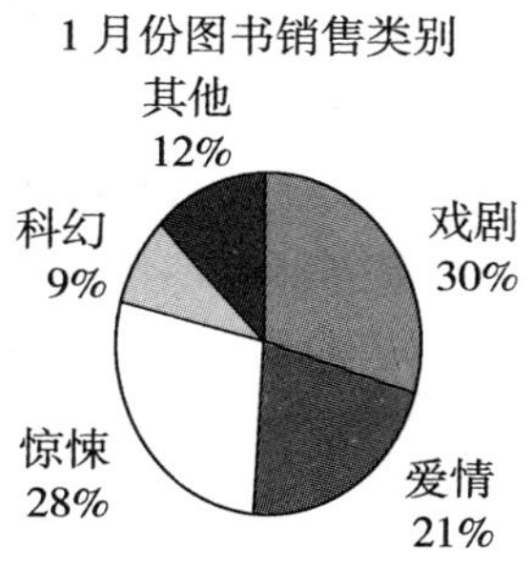

图7—5 饼状图示例

在饼状图中，整个圆圈代表的是整组数据，而不同的分区则代表的是被细分的数据。代表饼状图中细分数据的不同部分可以单独标以具有主题和百分比的标签，或对其添加标签，以解释不同颜色和代表特定数据图形的不同图案的各个部分。

*简短的数字说明。*整个饼状图是一个360度的圆圈，它代表100%。饼状图中的每一个部分或每一片都是使用量角器画出来的，画图的起点是12点位置。

7.10.2 柱状图

柱状图使用宽度相同的长方形表示，根据数据的数量，长方形的长度按照一定的比例设定（见图7—6）。柱状图显示的信息使得读者能够对不同类别的数据进行比较。我们再看一下显示男女生缺勤比例的图7—4中的柱状图，两者之间的差别是一目了然的。

*简短的数字说明。*要生成柱状图，首先必须选定取值范围。在图7—6中，数值范围是30，该范围基于戏剧书（最大的类别）的30%的销售额。其他类别的柱状图的长度根据其在取值范围中的正确位置来确定。

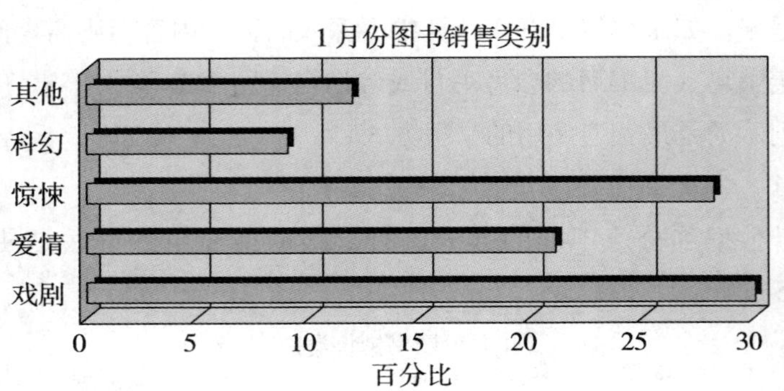

图7—6　条/柱状图示例

7.10.3　线条图

简单的线条图能够有效地呈报数据，特别是当需要对比两组不同的数据时更是如此。在线条图（见图7—7）中，对比不同年龄段的男女性别比例是轻而易举的事。

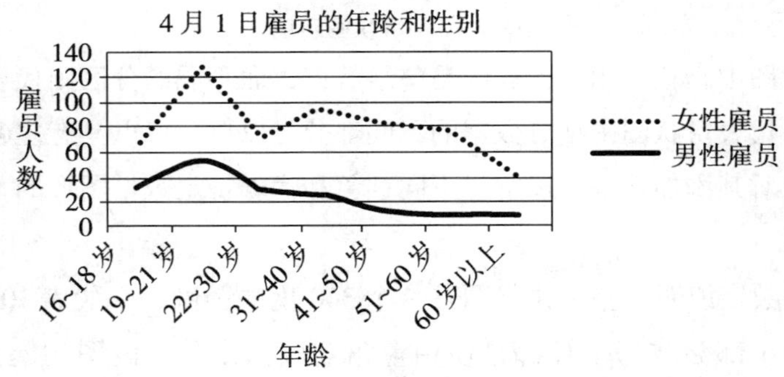

图7—7　线条图示例

简短的数字说明。要画出线条图，首先必须决定纵向和横向的取值范围，然后根据数据在图中取点并使用直线将这些点连接起来。

7.10.4　象形图

1. 类型A

象形图是使用符号代表数个数据组的频数图。符号通常与所显示的数据相关（见图7—8）。

简短的数字说明。构建象形图非常简单，方法如下：将数据凑整为最接近且有意义的数值，并使用正确数量的符号来代表这些数值。在象形图中显示单

在8月份第一个星期购买本地报纸的人数	
周一	
周二	
周三	
周四	
周五	
周六	
周日	
图示 = 接近1 000 = 接近500	

图7—8 象形图示例

位数量是非常关键的，否则这些图形是无法被理解的。同样重要的是，在象形图中每一个符号的大小要相同，而且在必要时可使用一半的符号来表示较小的数量。

象形图是一种趣味横生且富有吸引力的呈报数据方式，同时读者也能够对材料的关键调查结果一目了然。

2. 类型B

象形图的第二种类型是使用不同大小的一个符号。如果使用这一类型的象形图，读者必须完全了解图中的对比对象。例如，图7—9中对比的是收音机的大小还是其他什么数据？

图7—9 象形图示例

如果使用这种类型的象形图，请确保读者能够解释并理解符号代表的是什么，同时如有需要可附加真实数据总结。

7.11 信度和效度的测试方法

7.11.1 测试信度

1. 复测信度

回应者两次回答问题，如果测试是可信的，那么两次的得分应该是相近的。在两次测试之间应该间隔一定的时间，这样回应者就不会记得上次是如何回答的。两次测试的间隔时间不应太长（少于一个月），否则回应者可能会有一定程度的改变，进而影响到其回答。

2. 折半信度

当无法使用复测信度时通常会使用折半信度。在问卷完成后，将所有答案分成两组，双数问题为一组，单数问题为一组。这样调查结果就具有了相关性，使得我们可以对两组调查结果进行对比。

3. 等价法或复本法

使用这种方法时，调查人员需要起草两份不同的问卷。两份问卷需对相同的事件提出问题，但是提出的问题须具有充分的差异，以便使回应者不觉得在重复提供信息。起草这样的问卷需要耗费大量的精力和时间，因为要生成两份实质上相同但形式上不同的等价问卷是非常不容易的事情。假设两份问卷是等价的（这是必然的假设），则回应者在每一份问卷中的答案都能反映出信度。

7.11.2 测试效度

衡量效度并不容易，而且可能被认为是超出了小规模调查项目涉及的范围。但是下文仍简单地列出了一些主要的效度测试方法。

1. 预测效度

预测效度有时也称为效标关联效度。调查结果有时会被用于预测将来会发生的事件。我们可以通过将所作出的预测与后来实际发生的事件相关联来了解调查结果的预测效度。举例来说，可以通过对比回应者在书面测试中的得分和他们在实际驾驶测试中的表现来检查汽车司机和摩托车司机的书面理论测试的效度。这里驾驶能力是一个标准。

2. 内容效度或表面效度

如果调查领域的独立专家赞同调查测试完成了其应该完成的使命，你可以说该调查具有内容效度或表面效度。由于内容效度或表面效度并非是十分有效的测试方法，因此如果可能，应该与其他的效度测试方法同时使用。

3. 同期效度

如果你正在调查六岁孩童的拼写能力，并将你的调查结果与其老师对其拼写能力的评价进行对比，那么你就能获得调查的同期效度测试结果。同期效度是对独立数据的对比。

4. 建构效度

将调查结果与预期的常识或学术理论结果相比较即为建构效度测试。

信度和效度的证明通常会随新的具有重大意义的调查结果一起公布。就像你所看到的，使用相关技术，我们可以采用多种方法对信度和效度进行测试。但是，如果你所做的只是小规模的调查，你可能不必做这些测试。然而，自问调查是否具有信度和效度还是很明智的，之后你就可以在最终的书面文件上注明对数据是否使用了相关技术（对比两个独立的调查结果之间的关系），而且如果没有使用相关技术，你也将能够澄清认为没有必要使用这些技术的原因。

上文简短地列出了主要的方法，这些方法对于小规模调查来说已经足够了。但是，如果你想要深入了解此问题，并学习有关信度和效度的更详细的信息，则可以参阅大量针对此主题的优秀图书。进一步的信息请参阅本书后面的参考文献或咨询当地图书馆和书店。

7.11.3 分析——令人困惑？

如果在分析所有收集到的数据的过程中你感到头昏脑胀，请不要感到绝望，你可以尝试着回顾你最初的假设或目标。在调查开始时对于某些事物的直觉可以在现在得到检验，这是件令人兴奋的事情。你就快要发现自己的判断是否正确了。

如果你感到自己被一些相关统计数据和调查结果团团包围，但又无法在这些数据和结果之间建立关系，不要烦恼，因为在你书写书面调查结果的时候这些数据和结果就会合为一体。关键的问题是要始终关注最初试图得出的结果。如果你这么做了，在下一个阶段任何事都会水到渠成。

Part B

本章的目的是介绍一些转换方法，这些方法能将调查结果转换成为使计算机能够对分析过程起到帮助作用的格式。在社会调查领域，计算器的使用历史已经超过了整整100年，但是今天计算机所起到的作用与以前的计算器的作用是完全不同的。最早使用计算器协助调查的方式是使用能由机器读取的穿孔卡。1890年美国人口普查时，这一方法发展得更为成熟，当时赫门·荷勒里斯（Herman Hollerith）采用穿孔卡片系统并发明了能够读取卡片的制表机。该次人口普查仅用了6个星期即完成全美人口的加总任务，而10年前的人口普查，在没有机器的帮助下，花了9年的时间完成了相同信息的收集工作。之后荷勒里斯的公司不断地合并其他先进的公司，并最终更名为国际商业机器股份有限公司（International Business Machines Corporation，IBM）。

7.12 在分析数据之前确定使用的方法

在问卷的设计阶段就考虑最终将使用的数据分析方法是非常重要的，这一点的重要性再怎么强调都不为过。除非在设计时就对问卷答案的分类成竹在胸，否则调查的分析阶段将会是场噩梦。例如，对于了解回应者的年龄这样简单的问题，与仅提出“请写出你的年龄”这样的问题相比较，为回应者提供说明其年龄段的勾选框将会使分析时的工作变得简单得多。你真的需要知道回应者现年31岁吗？对你的调查来说，知道回应者年龄在25～34岁真的还不足够吗？比起合计6名20岁的回应者、3名21岁的回应者、2名22岁的回应者等来说，计算某一年龄段的回应者的总数会简单得多。如果你并不需要详细而精准的信息，那么就不必提出如是的问题，而且对某些人来说，像年龄这样的准确信息是很敏感的。

7.13 专业软件分析程序

如今的计算机是功能强劲的工具，它不仅能够执行基本的功能，如分类和加总，而且还能够以不可思议的速度迅速计算复杂的统计数据。专业软件包使计算机能够按需要读取事先编码的数据并对其进行分析。但是请注意，计算机进行分析的前提是数据已编码，即除非单个的图表、勾选框等均已实现编码，否则计算机是无法做到读取大量文本，理解回应者的答案或提取统计数据的。

计算机辅助定量数据分析系统（Computer Assisted Qualitative Data Analysis System，CAQDAS）已经开发出了一段时间了，这一软件满足了在时间方面有压力的付费调查者的需要。但是，一些调查者认为使用计算机分析程序会弱化已很好建立的传统的调查能力和技术。其他人担心使用计算机辅助功能的调查仅仅是在遵循一套机械的程序，而且担心软件可能会包含能对调查结果公正性产生影响的程序假设。

市面上存在大量可供分析数据之用的专业软件包，但是如果你进行的仅是小规模的调查，何不询问你的教育机构或公司是否有任何内部的软件，并请求它们准许你使用它们的这些软件。除非你需要反复使用该软件，否则购买特定的分析软件包是一种资金上的浪费。不是所有的教育机构都会为学生提供分析软件的，但是当你计算能够利用此设施的学生数量时，你将会轻易发现该设施还是非常受欢迎的，而且是校园的一项资产。也许这件事可以求助于主任或校长，或至少要求学生会对此采取行动。

受欢迎的专业软件包——SPSS、Ethnograph、NUD * IST 等

在过去的几年中，数款支持定量数据分析的专业计算机软件被开发出来。这些程序中的大部分（如 Ethnograph 和 NUD * IST）都是由定量调查者为支持其调查而开发的。这些软件的早期版本有时可供对相同类型的调查感兴趣的同事分享。然后，随着软件逐渐成熟，其带来的利益不断增加，商业程序员开始开发这些软件的潜力，而且现在任何人都可以购买到这些程序。

社会科学统计包（Statistical Package for the Social Sciences，SPSS）是最广泛使用的数据分析软件包之一。其优点是屏幕上的显示与 Windows 程序非常相似。在屏幕顶端显示的菜单选项对 Windows 用户来说也是非常熟悉的，这些选项包括：文件、编辑、视图、数据、转换、分析、图表、工具、窗口、帮助。

该统计软件包最初可提供两个窗口供用户使用，它们是数据输入窗口和数据输出窗口。当 SPSS 首次出现时，可对其输入新的数据。这个界面使用起来非常方便，而且能够处理大多数类型的数据，但是在非常复杂的分析方面，这个软件包不像其他软件包那样具有通用性。因此，专业调查者、政府部门等用户认为 SPSS 并不能满足他们的要求。如果你想要通过网络了解更多有关 SPSS 的内容，请登录其主页 http：//www. spass. com。

表 7—5 提供了目前通用的分析软件的简短说明。

表 7—5 **通用的软件分析包**

SPSS	受欢迎并普遍使用的软件包，其非常有用并易于使用，可处理大部分类型的数据
BMDP	一般用途的统计软件，类似于 SPSS
MINITAB	非常易于使用，但处理的数据有限，其实更像一个极其高端的计算器
SAS	比 SPSS 更具灵活性，非常易于使用，特别是对于统计软件包的初学者来说
SNAP	提供简单的分析，包括做表，但是很少进行统计测试。可在整个分析过程中使用——从设计问卷、编码等到自动分析后续数据

如果在未来你预计不进行其他的调查，那么你需要考虑是否需要花费时间学习如何使用专业分析程序。也许与你所在的教育机构或公司内部的 IT 人员进行交谈可以帮助你作出决定。同时也需要记住的是，是否使用这些类型的软件的决定在很大程度上与下列因素有关：面谈的人数、所需获得的数据的复杂程度以及学习新软件需要投入的时间。如果仅需处理来自 75 名回应者的小规模数据，那么使用正常的计算机软件就应该已经足够了。

如果你认为可能需要使用专业的分析软件，那么你需要在设计问卷之前就了解自已对软件的需求。如果你在一开始就了解了对特定软件的编码需求，那么最后对所收集数据的分析工作将会变得简单得多。

以下网站提供了最新的在线信息：

http：//employees. csbsju. edu/rwielk/psy347/spssinst. htm

reliabilityanalysis

http：//www. scolari. com/

http：//www. atlasi. de/

http：//qsr. latrobe. edu. au/

http：//www. ualberta. ca/ ~jrnorris/qda. html

http：//www. soc. surrey. ac. uk/caqdas/

http：//oit. pdx. edu/ ~kerlinb/qualresearch/

7.14 使用日常软件

虽然计算机提供的日常软件不是专门用于调查研究的，但是它在帮助你分析调查数据方面是非常有用的。计算机软件可完成许多分析过程中的单调工作，并帮助减少单调的工作。计算机可以定位、检索、交叉索引和搜索数据，以人类的标准来说，计算机的这些能力是卓越的。任何使用计算机的帮助获得研究数据的人都会立即对设备的价值大加支持。

如今市场上可看到多种不同的软件包，因此不太可能在下面的段落中专门讲述特定一种软件包。但是，在下文中所列出的原则是适用于所有的软件的。个人计算机和苹果电脑似乎主宰着市场，而且随处可见的都是 Windows 软件，因此如果给出了什么特定指导，这些指导都是为微软的 Windows 软件编写的。

7.15 文件夹（目录）和文件

整齐性和富有逻辑性在整理调查数据方面作用巨大。在第 3 章中我们建议你使用目录或文件夹。如果你还没有这么做，那么请立即采取这种做法，因为这对于分析来说是至关重要的。

如果你可以将类似的主题归放在一起，从长期来看，这对分析曾经讨论过什么非常有帮助。打开文件夹或目录，按照一定逻辑将你的文档保存或“归档”就是一种方法。

7.16 使用字处理软件分析开放型调查数据

如果回顾一下前文对此问题的论述，你将发现对信息进行编码，总结信息，在答案很复杂时影印信息，剪切相关部分并将之粘贴到带有表头的表格上是非常必要的。如果使用计算机，这一切将变得简单得多。

如果每当面谈结束你就将信息键入到文档中，使用相关名称保存该文档并将其归档到合适的文件夹中，那么当最后进行数据分析时就是水到渠成的事了。在进行数据收集时就进行信息保存将为分析阶段节省时间。同时，通过将文件直接保存到相关的文件夹中，你将不会将文件丢失在计算机内存的某个角落中，而如果丢失了文件，你必然需要浪费时间回忆文件的名称是什么以及将其保存在了何处。

字处理软件会以多种方式帮助你提取出相关的数据。如果你进行了有关母女关系的一对一深入面谈，并将与一名 14 岁女孩的谈话内容记录为一份 7 页的文档，你可以使用计算机提取特定的信息。我们假设你想要知道她是否提到或是如何提及父母和子女之间的爱以及她们家的规矩的，你可以指示计算机"搜索"特定的词语，在这个例子中，你可以输入"爱"和"规矩"。如果文档中包含了这样的字样，计算机会通过搜索找到这种字样，并在每次出现这种字样时停止搜索进程。如果需要，你可以突出显示特定信息，复制并将其粘贴到可能名为"子女—父母的爱"或"规矩"的单独文件中。如果你想要为这个十几岁女孩的文件提供编号（如第 1 号），你也可以进行添加，这样就可以在必要时进行参考。

如果你要搜索已保存的其他面谈文档，你可以重复同样的搜索过程，并将数据传输到"子女—父母的爱"文件中。反复进行这一过程，很快你就会获得有关此特定主题的所有面谈信息。

除了一些剩余的文字工作外，通常单独主题文件的内容可以在最终调查文档中使用，而不必重新键入。这是使用计算机分析数据的另一个优点。此外，如果你使用的是最盛行的微软软件，那么以下的这些指导将会对你很有帮助。

搜索特定文字（在按住"control"键的同时按下"f"键）	依次单击"编辑"、"查找"，输入要查找的关键字…… 单击"查找下一处"。 如果想要将这一信息转换到另一个文件中，单击屏幕上"查找"对话框以外的区域，并按下面的指示操作：
突出显示	单击并按住鼠标左键，将屏幕上的光标拖动并覆盖到你想要复制的文本。

复制	当相关文档已突出显示，单击“复制”图标（或在按住“control”的同时按下“c”键）。
粘贴	打开相关主题的文件，将光标放置在想要将突出显示文档放置的地方，在标准工具栏中单击“粘贴”图标（或在按住“control”的同时按下“v”键）。

当你返回到原始的文件，你可以通过单击“查找下一处”重新激活“查找”对话框。

7.17 使用数据库分析问卷数据

除非收集的数据规模非常小，否则与手工完成问卷信息的分析工作相比，使用数据库软件包进行分析将会大大缩短分析时间。

数据库是分享相同主题的信息集合，例如，公司可能会设置数据库记录所有员工的姓名和地址。添加到此数据库的信息可能是员工当前的工作、员工资历及其生日，而这些都是人力资源部门所需要的信息。健康和安全部门经理可能还需要员工的汽车注册号码、驾驶证和汽车保险详细情况等信息。财务部门则会需要添加员工的薪资详细信息等。你可以发现，将这些详细信息归档到同一个地方可以使各不同的部门免于保存其各自所需信息的副本，但又能让它们有权限获得与其部门相关的那些信息。

将信息保存入数据库还能方便查找特定问题的答案。使用上述虚构的数据库，要查找出年龄在 40 岁以上的员工的姓名和地址，仅需简单地在键盘上敲几个键即可。健康和安全部门能找到年龄在 25 岁以下有车且具有相关保险的员工，而财务部门还能将员工的薪资按照顺序进行排序。数据库的功能应有尽有。

使用数据库软件的第一步是建立数据库。你需要为想要记录的不同部分的信息选择标题（被称为标签或字段标题）。让我们假设你的调查与六年级学生的工作经历相关，且作为调查的一部分，你要求 150 名十几岁的少年完成包括以下问题的问卷。

1	勾选合适的方框	是	否	不确定
(a)	你喜欢自己的工作经历吗?			
(b)	学校事先开展的工作经历动员对你有帮助吗?			
(c)	如果（b）的答案为否，请简要介绍如何改进动员。			

为了决定上例中相关字段的标题，你需要自问答案可能分成什么类型。如果可能的答案仅为“是”、“否”或“不确定”，则它们就能成为每个问题的字段标题。

通过为每个答案设计代码，你可以获得有关这三个问题的更加详细的信息(见下面方框中的文字)。

问题1（a）　针对以下答案的单独字段标题　是　否　不确定

问题1（b）　针对以下答案的单独字段标题　是　否　不确定

问题1（c）　对此问题的答案将不会整齐划一地为“是”、“否”或“不确定”，而且可能无法记录所有给出的答案，因为这些答案可能完全归于同一类别。但是给出的答案可能遵循一定的模式，如25%的学生可能认为应该延长工作经历的时间，或15%的学生需要之后能被带走的书面提醒。如果情况确实如此，则需要开发代码（如用L代表更常的时间，用R代表书面提醒），这样当你整理完成的问卷时就可以填入这些字段。那些无法用代码表示的答案则需要单独记录。

在你整理完成问卷的同时，给出的答案将转换到数据库中。是否选择使用Y代表“是”，使用N代表“否”，或使用U代表“不确定”，完全取决于你的决定，如果你愿意，你完全可以仅仅在整个数据库的相关字段插入勾号。你可能需要为问题1（c）的答案拟定关键词。在下面的例子中（见图7—10），L代表需要更长时间，B代表枯燥无味，H代表健康和安全时间过长，但是我们还可以选择其他很多的选项。每一列的标题即为字段。我们注意到，在图中添加了表示问卷编号的一列，如果想要事后查阅，这将会是非常有用的一列。

当你已经保存了完整的数据库，你还可以搜索特定的组合。例如，如果上述数据库中记录了问卷回应者的性别，则要知道有多少女孩和男孩认为工作经

Figure 7 dbase : Table

问题编号	1a 喜欢吗？是	1a 否	1a 不确定	1b 动员？是	1b 否	1b 不确定	1c 改进建议
1	Y			Y			
2		N		Y			L
3	Y				N		
4	Y					U	
5		N		Y			
6	Y				N		B
7	Y			Y			
8			U		N		B
9	Y			Y			H
10	Y			Y			H

图 7—10　示例

历非常有意思是件很容易的事情。或者，你也可以利用该数据库看出，与男孩相比，是否有更多的女孩认为工作动员是索然无味的。

学会建立并使用数据库不是件困难的事，但是在分析返回的问卷之前还是有必要进行一些练习。市面上有数百种图书介绍可供使用的数据库软件，你何不去当地的书店和图书馆阅读一下这些书呢？当地的学院或大学也通常会提供一些介绍数据库的短期课程，你也可以通过这一途径学习数据库的使用。花几小时的时间学习数据库可以为你在分析时节约大量的时间。

7.18　使用电子数据表格

除了字处理软件外，最常用的程序是电子数据表格。电子数据表格可以用来进行财务计算，创建列表和总费用表，跟踪财务状况等。事实上，它的功能与一台极高级的计算器差不多。

对小规模调查使用电子数据表的好处是可将任何数字数据都输入进电子数据表格，并能从中找到不同的答案。如果你收集的问卷数据显示员工不愿在食堂就餐是因为他们认为食堂的定价过高，则你可以使用电子数据表作出不同的选择。

为了快速计算出数字问题的答案，会经常在电子数据表格中使用公式（数字等式）。如果你对数学不感兴趣，不要被我所说的公式吓倒了，因为计算机将帮你完成所有的计算工作，你所需要做的是让它执行你想要执行的任务或公式。

图 7—11 显示了出售的饮料数量、价格和收入。所说明的结果显示了使用

电子数据表格后获得信息和更改信息的简单性。

	A	B	C	D
1	员工餐厅饮料成本			
2				
3				
4		单位成本（便士）	每天售出数量	日收入
5	茶	40	210	£ 84.00
6	咖啡	70	410	£ 287.00
7	热巧克力	70	90	£ 63.00
8	所有软饮料	50	40	£ 20.00
9	汽水	75	190	£ 142.50
10	总计			£ 596.50

图 7—11　出售的饮料数量、价格和收入

通过在 D5 单元格中输入公式，将此公式复制到其他饮料的单元格中，并在 D10 单元格中添加一个能加总整列数值的不同公式，我们可以得出 D 列的每日收入及其合计数据（见图 7—12）。

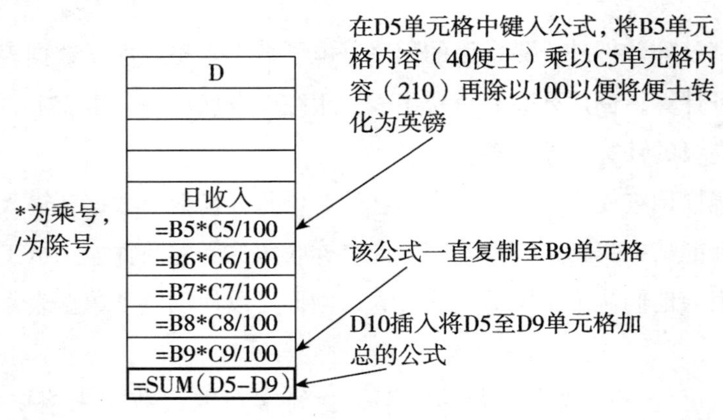

图 7—12　D 列的每日收入及其合计数据

图 7—13 直观地阐释了将数据键入到电子数据表中的好处。使用相同的电子数据表格，我们降低饮料的成本以便看出成本的降低对每日收入的影响。仅需要更改单位成本而不需要更改其他单元格的数据，你就能立即看到收入的减

少额。

所有饮料降价10英镑

	A	B	C	D
1	员工餐厅饮料成本			
2				
3				
4		单位成本（便士）	每天售出数量	日收入
5	茶	30	210	£63.00
6	咖啡	60	410	£246.00
7	热巧克力	60	90	£54.00
8	所有软饮料	40	40	£16.00
9	汽水	65	190	£123.50
10	总计			£502.50

计算机自动根据新的饮料价格计算出了新的较低的日收入和总额

图7—13 电子数据表好处示例

既然这类计算的执行非常简单，那么它在某些调查领域是非常有用的，以预测调查数据的不同行为结果。在虚构的员工食堂一例中，管理人员可以作出决定降低某些产品的价格以便鼓励员工使用食堂。依靠调查人员提出的问题，情况可能是人们表示，如果价格降低一点的话，他们会更愿意上食堂就餐。这也可在电子数据表格中得到体现，通过使用降低的价格和提高的销售额可计算出预计的收入增加额，进而为调查建议提供其他的选择。

学会使用电子数据表格并不困难，事实上很多人认为，与学习数据库软件相比，学习电子数据表格更为容易。然而，上述两种软件都不那么复杂，而且在分析数据之前花几个小时来掌握这些软件是非常值得的。学习电子数据表格软件的额外好处是，你随后可以在几分钟的时间内生成图表，而无需再键入任何其他的数据。

7.19 使用电子数据表格生成图表

在本章的Part A部分中你已经了解了数据呈报方式，并已经看到了各种基本图表呈报的示例。在没有计算机帮助的情况下，要生成这样的图表需要调查者在数学计算和绘图能力方面付出更多的精力和时间，而且请不要忘记，手工生成图表将会花费更长的时间。

如果你将数据直接输入到电子数据表格中，你只需要突出显示相关区域，并指导计算机生成你所需要的图表即可。你不需要进行任何数学计算，不需要进行繁复的柱状或曲线绘制工作，也不需要绘制任何的点。计算机会帮你完成所有这些工作。

以刚才使用的电子数据表格为例（见图7—13），如果你决定最佳诠释收入的图形是饼状图，那么你所需要做的一切就只是突出显示适当的区域（即你想要处理的数据），并告诉计算机你想要一张饼状图。如果你使用的是微软软件，一旦开始生成饼状图的过程，你就只需要处理一系列屏幕上的提示框，其中的一些如图7—14所示。

	A	B	C	D
1	员工餐厅饮料成本			
2				
3				
4		单位成本（便士）	每天售出数量	日收入
5	茶	30	210	£ 63.00
6	咖啡	60	410	£ 246.00
7	热巧克力	60	90	£ 54.00
8	所有软饮料	40	40	£ 16.00
9	汽水	65	190	£ 123.50
10	总计			£ 502.50

（1）突出显示要包括在饼状图中的项目（下图中即为在黑色背景色中显示的白色项目）。

（2）选择“图表”图标，并选择图表类型（即饼状图），以及你偏好的显示类型。在这里，请注意一下你可以选择的其他图表类型。

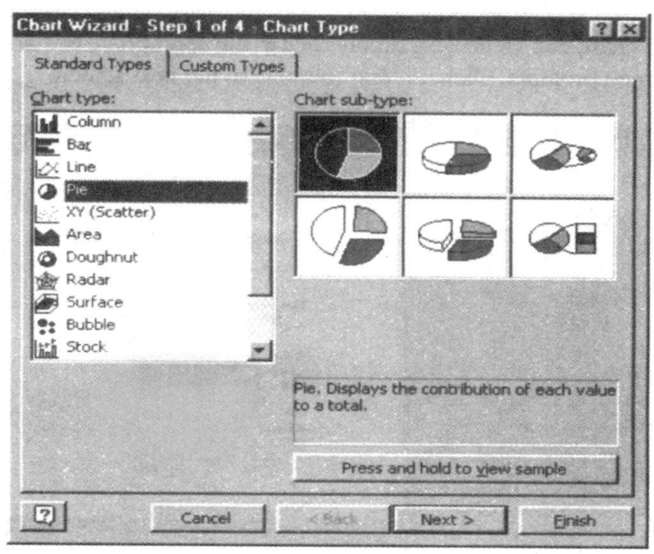

（3）单击“下一步”转换到下一个屏幕。

（4）将显示与下图相似的屏幕，在其中你需要确认所选择的数据范围。再次单击“下一步”转换到下一个屏幕。

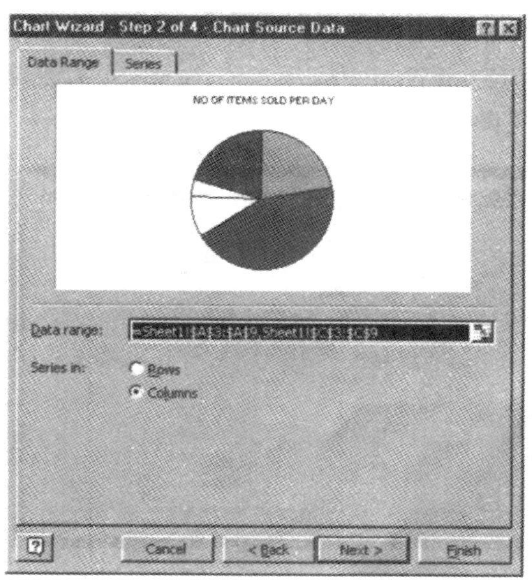

（5）在下一个屏幕中，你需要决定是否想要更改饼状图的标题、标签等。仅需单击适当的框并遵循屏幕提示即可完成这些操作。单击“下一步”转换到下一个屏幕。

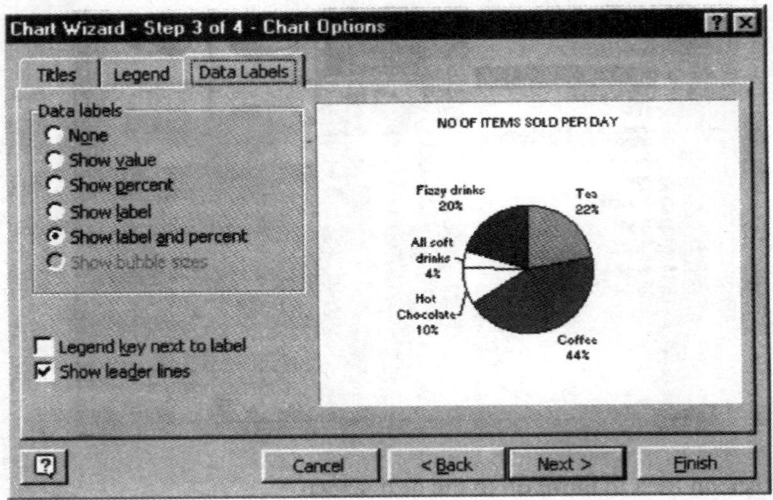

（6）现在已经完成饼状图的绘制，并可将其插入到你的调查文件中。在文件中你可以按照你的需要放大或缩小该饼状图。如果你对看到的结果并不满意，你现在可以重新开始在整个过程中选择不同的选项。

整个过程仅需几分钟的时间，这远远比手工绘制节约时间。

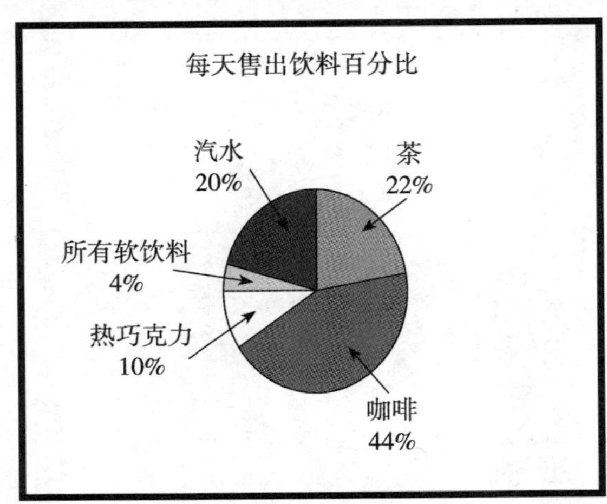

图 7—14　饼状图

你可能选择了各种不同的选项，并将你的信息以不同的布局呈现出来。通过下面的四个示例，你可以发现当使用不同的表格呈现相同的数据时，看起来是完全不一样的。

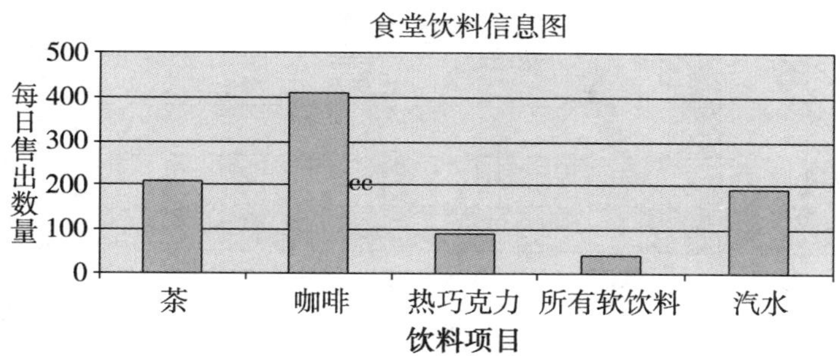

这是一张柱状图。

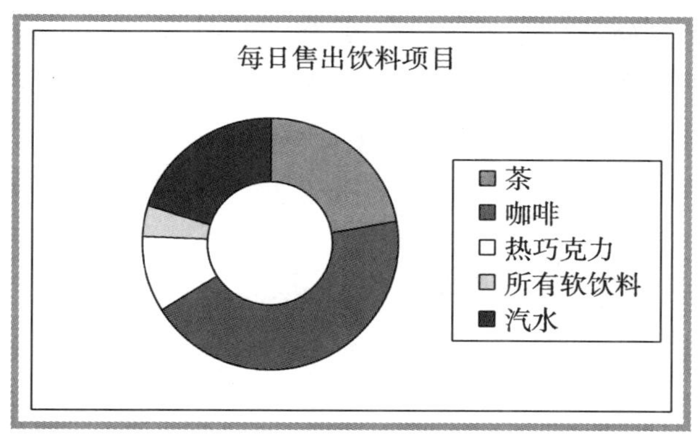

这是一张具有图例的环形图，为了加强显示的效果，图中添加了灰线和环形框。如果加上颜色则环形图的效果就会非常好。

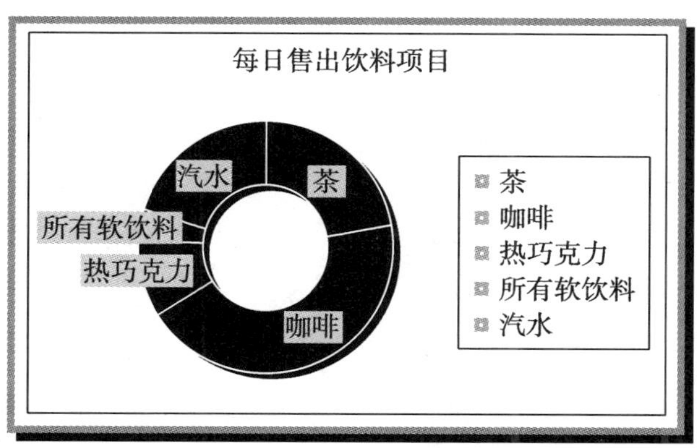

这是另一种形式的环形图，这种环形图不仅使用了图例，而且其圆环是带有名称的。请注意在示例中所出现的阴影框。

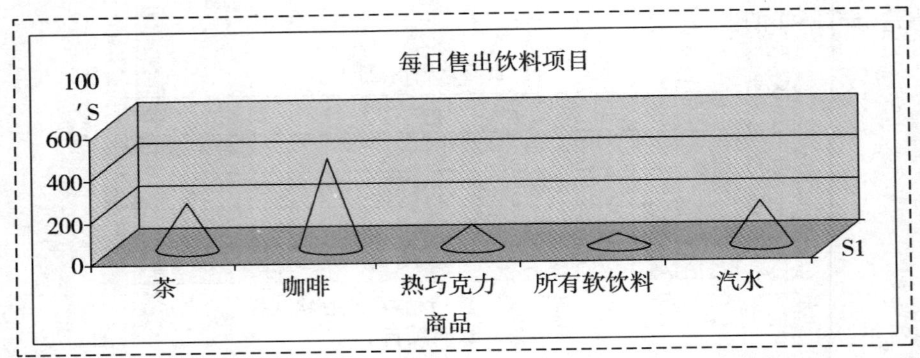

最后的示例是使用虚线框的锥状图。

以上这些都是使用微软 Excel 制作的图形，这也是为了让你能够了解使用计算机能够轻易生成一些看起来非常专业的图形。只要你能花时间练习，其他的电子表格软件掌握起来也是同样容易的。

第 8 章

书写调查报告

Part A

进入这一步时，你已经即将完成调查了，而且完全有理由为自己已经取得的成果感到骄傲。请想一下你已经完成的大量工作，以及从这些假设开始已经获得的成果。

- 确定了调查的领域；
- 确定了测试的目标或可能的假设目标；
- 了解了多种调查风格和调查方法；
- 研究了调查主题；
- 进行了记录；
- 通过面谈和/或问卷调查收集了原始数据；
- 对结果进行了分析。

现在你需要将以上这些元素合并在一起，但是这又从何下手呢？你会发现就如何书写调查报告以及呈现调查结果而言，不同的书籍给出的建议各不相同，而且确实也不存在完成这一步骤的唯一正确方法。

一些考试委员会、学术部门或者工作场所管理人员可能对报告所需要的基本特性有明确的期望，但是通常在报告的格式上还是有一定的灵活性的。调查文档的内容通常是所开展调查的最重要的部分，因为你是通过调查文档将调查结果传递给其他人的。书写一目了然且准确无误的调查报告的能力通常是一个更加重要的元素。Heyes 等人将之精辟地概括如下：

无论如何要记住这一标准，即你的报告要足够详尽，让其他人能够无需联系你询问报告事宜而毫无阻碍地复制你的研究成果（Heyes 等，1990：104）。

如果将这一建议牢记在心，则你所完成的报告将为读者提供所需的所有信息。

8.1 撰写初稿之前

在这一阶段，你可能希望立即将你的想法以书面的形式表达出来。从长期来看，当你意识到需要强调某些领域，需要使用一定的词汇进行表述，需要改变顺序并重新起草调查报告，这种急切的想法将会导致大量成本的产生。最好还是在开始的时候花一些时间将你要表达的想法进行归类。你需要厘清想法，有可能的话与导师或上级讨论你的想法，之后草草记下内容安排计划、可能的章节标题以及在各领域所需要的强调程度。

当你处理收集到的大量数据时，你需要试着弄清楚调查报告的阅读对象，以及报告需要达到的目的。没有这一目标，你的写作会变得漫无目的且信马由缰。

8.1.1 报告的长度

你可能被告知报告必须具有一定的长度，如果情况确实如此，那么你就需要为报告的每一个部分分配文字或页码。这种分配当然需要在写作过程中进行调整，但是除非你在开始的时候就约束自己，那么你可能发现自己用了3 000个字描写进行这项研究的原因，而只用了400个字描述调查结果，致使报告的重点有误。

8.1.2 可使用的时间

书写调查报告是一件非常耗时的工作，为了实现这一目的你需要为此有规律地分配时间。花整整三天时间进行写作然后在接下来的三周内无所事事是不可选的，因为你很可能已经忘记了之前写作的内容，需要再重新读一遍调查报告，或会重复已经写过的信息。如果你将写作过程分为数个期间，且中间间隔很长的时间，那么调查报告看起来会像是脱节了一样，而且你也会丧失写作的节奏。

如果报告撰写者每天分配一定的时间或每星期分配一定的天数撰写报告，并且雷打不动地完全遵守这样的时间安排，那么他们中的大部分将会撰写出更为出色的报告。如果有人邀请他们去酒吧坐坐，或者朋友要求他们帮忙看看孩子，他们都必须对这些人说："不。"因为这是他们分配用于写报告的时间。当家人和朋友知道一定的时间段是不允许被打扰的，他们会鼓励和帮助这些报告撰写者认真撰写报告。

当完成一定数量文字的写作时，如果你用你喜欢做的一些事犒劳自己，如喝杯咖啡休息一下，吃一个最喜欢的巧克力棒，则会对自己有很大的激励作用。完成一个章节或一个调查领域的写作，则完全可以奖励自己去趟电影院或去泡泡吧，或做其他任何喜欢的事情。可以这样鼓励自己，写作持续的时间有限，完成得越快，这项工作对你来说也将越容易。

8.1.3 设定最后期限

在整个调查过程中，你一直遵照一个最后期限，现在也同样需要如此。通过已有的草拟章节标题，为每个特定部分设定一个完成写作的最后期限，或更好的做法是要求你的上级或导师帮你设定一个最后期限。

为每一个部分都设定最少的字数。即使在坐下来写报告之前你觉得自己文思枯竭，但是你一旦开了头你就会惊讶地发现原来写起来也并不困难。

8.1.4 书面写作吗

如果你不幸需要手写或用打字机打调查报告，记住留出足够的行距，以便进行最终的纠正和改变措辞。如果每个段落都占用一页，至少你还可以将这些段落按照意愿调整它们的位置，但是这需要大量的纸张，会很混乱，删去页面编号细节。仅在纸的一面写字也能有所帮助，因为起码你可以将这些段落用剪刀减下来，再用钉书器将这些段落钉在更合适的地方。

许多大学现在都要求对报告进行字处理，所以请检查这一步。如果你无法自己进行字处理，请预约字处理人员并了解进行字处理的成本。通常这项成本是按照键入的字数计算的。你可以在电话目录中找到提供这种服务的广告，并在教育机构的告示板上张贴需要这种服务的声明，但是请确保事先找到一个好的录入员。当夏天到来，学生的需求达到顶峰时，一些字处理公司和录入员会停止接受论文或调查的字处理工作。

在工作场所你基本不可能将手写的文件呈递给上司，所以就需要好言以对在工作场所中能为你完成这项工作的人。一定要记住这些人是为你提供帮助的，所以你需要为他们准备适当的礼物。

8.2 写作内容

你不必一定以最终的阅读顺序来撰写报告，事实上最好是将某些部分留到最后来撰写。例如，通常显示在最开始部分的调查简介和大纲最好是在报告主体已经完成之后再撰写。这样你就能了解具体撰写了些什么，并对整个调查有一个更准确的认识。

结构分明，具有逻辑性

想象一下你需要阅读一份他人撰写的报告。我非常确信的一点是你希望报告的组织方式能让你对整个调查有一个结构分明的了解。如果调查者能首先为你说明为什么进行调查，调查应能获得什么，他们打算如何调查，以及调查的结果和结论如何，那么你会发现这份调查报告更有意思。

对调查结果撰写的顺序或结构，所有调查者的观点不尽相同。如果你未被告知以何种结构撰写报告，那么请参照以下所建议的结构（见表 8—1）。如果觉得能够以此结构撰写报告，请询问你的导师或主管这样的结构是否可以接受，并按照此结构撰写调查报告。

表 8—1　**建议的章节结构**

建议的章节结构	简单描述
1. 调查的简介或大纲	即为什么进行调查，如何调查以及调查什么。这也就是对调查目的、调查方法和调查结果的阐述。通常是对调查目标、调查所使用的方法以及调查结果的简短概述
2. 设定情境和目标	对如何选择调查主题以及为何作此选择的更深入解释，包括对调查目标的定义和解释，以及设定可行的假设
3. 对其他相似报告的回顾	这部分可包括所有历史背景、当前发生的事、不同的方法及对之前调查的回顾。在此可体现你的阅读背景及文献调查
4. 调查所采取的方法	可使用的各种调查方法的概述，以及在调查中使用的评估方法。选择特定方法的原因。面临的任何限制或问题，以及你所采取的措施
5. 独特的调查程序	如何进行真实的调查。报告所使用的方法（即面谈、问卷调查、视频等）。详细描述时间和地点。碰到的问题、反思以及所使用的任何衡量方法和测试

续表

建议的章节结构	简单描述
6. 调查结果	分析所收集到的数据，以及采用的分析方法。这是调查的重要方面，它将突出显著的调查结果
7. 对调查及其结果的讨论	什么是正确的，什么是错误的。调查设计是否有缺陷，以及是否愿意以相同的方式再进行一遍调查。调查结果是否验证了目标和假设（如果可用）？在此将你的调查结果与该领域的其他调查结果相联系也是非常重要的
8. 结论和总结	这部分篇幅不应太长，应言简意赅地总结从证据中得出的各项结论

需要注意的是，在报告中你可能需要提及其他人的观点，并可能需要进行一些直接引用（见3.19节“做记录”部分）。

8.3 实践细节

如果你尚未明确了解调查报告布局所要求的细节，以下指南将使你对此有一定的了解。

1. 标题页

在标题页中需给出以下信息：

- 调查报告的名称；
- 你的名字；
- 如果有学术奖项，在此列出；
- 撰写年份。

标题应简单解释你报告的主题，如果需要请放心使用副标题。

2. 致谢（可选）

对花时间帮助你的那些人表示感谢是不错的做法。如果你想要在单独的一页上表示你的谢意，则将致谢页插在标题页的后面。但是这并不是必须要撰写的，完全取决于你自己的意愿。

3. 评定准则（任意的）

一些学术主体会要求你插入据之进行工作的评定准则列表。具体情况请询问你的导师是否需要这一列表。

4. 目录

章节标题、段落副标题（可能编号也可能未编号）和相关页码的列示如图8—1所示。

目录	页码
第1章：设定情境	
1.1　教授有视觉障碍学生的经历	1
1.1.1　我的第一个失明学生	2
1.1.2　第二个机会	3
1.1.3　下一步	5
1.2　视觉障碍开放式学习计划	7
1.2.1　计划目标	10
1.2.2　撰写计划	12
1.2.3　第一个计划试验	18
1.3　定义调查目标	23
第2章：机会平等框架下视觉障碍学生的学习需求	
2.1　历史背景	26
2.2　学习需求	34
2.2.1　传统观点	39
2.2.2　更现代的方法	44

图8—1　目录示范

目录可帮助报告的阅读者，使他们能够迅速翻阅感兴趣的部分，也以概括的方式向他们展示报告的主旨。通常最后才撰写目录，因为在撰写报告的过程中，页码和不同主题的副标题会改变。不要忘记将附录也列入目录中。

5. 报告的主体部分

你报告的所有章节都需要放置在这部分中。如果不能确定报告的结构，请参考表8—1。

6. 附录

你应该在这一部分放置所使用的所有调查文件的空白版本，如面谈问题和调查问卷，以及时间表、结果列表等。每一个单独的文件均应明确编号（如附录A），并列入目录。

7. 参考书目

在报告的最后有必要列出你阅读的与调查相关的书籍和文献以及所访问的网站。参考书目中不应该包括那些你想要阅读而没有阅读的书目。在4.2节“列举参考文献与编制书目”中详细探讨了参考书目的书写格式。

8.4 清晰撰写

尽可能清晰而简洁（请勿与简单化混淆）地撰写报告，因为报告的目的不是通过使用大量技术术语来使阅读者印象深刻，而是确保阅读者能够理解你所书写的内容。

将单一主题或几个相关主题的内容有组织地构建在几个段落中，并有系统地排列其顺序。如果你在整篇报告各处纷乱地提及你的想法或调查结果，而不是以富有逻辑且统一的方法构建你的报告，读者会觉得报告不知所云，这样你的报告就无法具有任何影响力。

传统上，学术报告会以客观角度进行撰写，避免使用诸如“我们”、“我”等人称代词。目前这一做法在一些教育机构中已经不作要求了。如果你正在为学校、学院或大学撰写报告，那么在开始撰写之前询问是否有这一要求是明智的做法。然而，在调查报告中使用俚语、俏皮话和玩笑话仍是不能被接受的。

在工作场合，调查报告的目的通常是通知性的，并是以商业化的形式（具有大量文献支持的信息性文件）来完成的。是否使用人称代词完全由你自己来定。但是，更明智的做法是咨询你的导师以便了解是否需要使用不同的方法来完成报告。

8.5 撰写结论

缺乏经验的调查者通常会觉得难以得出研究结论。他们可以不费太多周折地完成调查报告的主体结构，但是要将其归纳出结论有时却很成问题。Bouma和Atkinson（1995：240）论及了这一问题并向调查者提出一个行之有效的方法来组织结论，即在开始总结之前再次翻阅报告中陈述问题和假设的开始部分。

当调查产生了一个相反的或非决定性的结论时，总结结论这一步就更加困难了。所有调查者都坚信他们的假设是正确的，但是如果调查结果明显与假设相悖，他们则必须承认这一点。如果他们无法从调查结果中得出结论（无法明确为一个方向或另一个方向），那么基于调查者自己的感觉而得出有偏见的结论是错误的做法。要获得公正的结论并非易事，因为大多数没有经验的调查者会对其调查主体投入个人情感，当调查结束时会很难做到毫无偏见。

但是，对于这一领域的未来调查者来说，阅读你所进行的调查的真实结果是很有帮助的，因为他们可以从中获得经验教训，这些经验教训可能与调查设计、方法或规模相关。解决诸如以下所列的问题将会增加得出调查结果的可能性：

- 调查方法设计的效率如何？
- 所获得响应者样本与最初试图获得的响应者之间区别有多大？
- 在调查程序中出现了什么缺点？

8.5.1　在最后阶段如何处理新的想法

有时，定性调查中的真正结论和对其的讨论是无法分割的，因为这类调查的性质会促使你问一个问题，而这个问题又会引导你以一种略微不同的方式再次提出这个问题。这样你就会得到这两个问题的答案，这又很可能使你再次有不同的想法，并以另一种方式定位你的调查。这一现象通常在调查程序即将结束的时候发生。

如果在你的调查中出现了这样的情况，那么请以一种富有逻辑的方法归纳这些不同的想法，并解释其中发生了什么情况。始终需要牢记的一点是，调查的主要目标就是以诚实而有效的方法解释你的调查结果，千万不要试图将调查结果套入一些应该发生什么的预先设定的模式中。

8.5.2　结论的目的是什么

结论的目的是为写作提供经过深思熟虑的且细致的结果，而不仅仅是对所发生事件的总结。一个好的结论应该：

（1）总结学到了什么并为未来的调查指明方向；

（2）评估调查的利益、回报、行动、应用性等方面内容；

（3）讨论报告的缺陷并估计这些缺陷将对调查结果产生什么样的影响。

在撰写结论时调查者应谨记以下几点，这将有助于他们撰写出好的结论：

（1）不要在结论中介绍新的观点；

（2）不要将重点放在调查中不重要的观点上；

（3）切勿试图掩饰未完成的工作，一定要诚实；

（4）不要以诸如“至少我是这么认为的”这类表达方式来为自己的观点道歉——在这里你是陈述调查中的事实；

（5）不要重复观点。

读者应该能仅通过阅读简介和结论部分就大致了解你的调查报告并抓住其主旨，同时这两部分的篇幅都应该保持很短的篇幅。

8.5.3 撰写结论时的普遍问题

（1）不考虑调查目标。有时在调查过程中，你的调查目标会发生改变，这并没有关系。这是调查有意思且富有“生命力”的表现。但是，当你改变调查方向的同时也应该回顾一下最初的目标。在结论中你应该谈及贯穿整个实际调查的目标，而不是你最初制定而在之后又因为出现别的目标而放弃的目标。请在结论中简单提及所有这些目标。

（2）未能关注显著的问题。调查的大量工作都是非常细节性的，但是结论却需要回到比较概要的层面上。将调查与该调查可能会产生影响的领域相关联，即将结论放置在一个大环境内。

（3）过多不必要的细节。这并不是撰写有关分析结果或方法的详细信息的部分。在这里应该言简意赅地总结从调查中学到的内容（仅占短短的一个段落）并重点强调其意义和评价。

（4）未披露不完整的或负面的调查结果。不要忽视调查中那些你觉得未能得出令人满意的结论的部分。

（5）篇幅太长。结论最长只能占A4纸的一到两页。

你的调查应该能够为其他调查者提供一些引导，并对哪些部分能从之后进行的深入调查（不同的角度或基于更大/更小的规模）中获益提出建议。你观察的准确性不仅能够将之后进行无成果的重复工作的可能性降至最小，而且还能为之后的调查提供合适的起点。

8.6 字典和词典用处不小

完成调查报告后请务必检查拼写错误。有些人不愿意在撰写报告主体的过程中检查拼写错误，认为这会打断他们的思路。但是这并不意味着根本不用进行拼写检查。如果你对某个词的拼写觉得没有把握，最好查一下权威的字典。

另一个很有价值的工具是词典，它可用于查找可替代表达方式或适合表达某种想法的正确的措辞。有时很难不反复使用同一个词而表达出特定的意思，但是如果在词典中查出这个特定的词后，你会发现很多可供替换的词汇列表。

例如，我在词典中查阅了“调查”（research）一词，我看到了可参考的4个方面解释：好奇（be curious）、询问（enquiry）、试验（experiment）和研究（study）。我选择了“询问”，又获得了其他14个可能使用的方面。如果继续追踪所提供的词语“查究”（search）则又会获得30个具有与“查究”相似意思的词语列表，例如“探查”（probe）、“调查”（investigation）和“询问”（enquiry）等。在避免反复使用同一个词语方面，词典的价值无可限量。

阅读本章后文中有关计算机词典（拼写检查程序）的计算机相关信息，对你的帮助会更大。

8.7 语法、正确的措辞以及使用缩写词

我们经常并不知道为什么要以某种方式撰写报告，也经常不太了解语法规则，但是当听起来不太对时，我们还是能够发现的。“The examiners is happy”会从页面中凸显出来，叫唤着让你用“are”替换“is”。这一更正背后的规则我们可能早就已经遗忘了。

当你在校对已完成的报告时，还是应该检查一下比较常见的语法错误。以下列出了其他需要检查的要点：

（1）双重否定。有必要找出那些用双重否定表达肯定意思的表述方式。“并不缺少答复”（the answer was not lacking）的意思等同于“已经有了答复”（there was an answer）。与第二种表达方式相比，第一种表达方式较难理解，而且也会使写作变得更加无趣、乏味。现在，阅读与正在读的句子结构相似句子的情况已经不是不普遍的现象了（it is not uncommon）。如果发现正在书写

“不是不普遍”，自问一下是否可以通过书写“是普遍的”（it is common）更好地表达自己的意思。

（2）形容词。避免使用限制或减弱意思的形容词，例如“这相当难”（it was rather difficult）。自问一下在这里“相当”（rather）这个词在强调“难”（difficult）这个字时是否有任何的作用。可能更好的做法是根本不用这个形容词，或选择一个具有更好的解释的形容词，如“非常难”（very difficult）。

（3）含糊不清。你清楚表达了自己想要表达的意思了吗？如果你书写了“秘书和财务主管同意与我交谈”（the secretary and treasurer agreed to talk to me），你的意思是兼任两个职位的一个官员呢，还是两个不同的官员呢？

（4）长句子。如果你试图同时表达过多的事情，结果可能是一团糟，尤其是当你想在读者面前卖弄你的学问时。华丽的辞藻、冗词赘句、不必要的技术术语以及生词过多的句子都会给阅读带来困难。在教育领域首屈一指的权威是这么写作的：

在即时决策制定的半自治中心和在国家层次上进行参与的小组的“相互取向”之间发生冲突的可能性克服了仍保持平衡的系统的惯性，因为没有一个利益小组能够在教育活动的所有方面占据主导地位（虽然可以说（姓名隐去）确实认识到存在一个适合的决定性权威和巨大的力量，这使他对合伙的概念感到不安，因为他感到这意味着合伙者之间的平等，但是“资深合伙者”这一模式是更合适的）。

（The possibility of conflict between the quasi-fautonomous centres of immediate decision making and the “mutual orientations” of the groups participating at the national level is overcome through the inertia of the system which remains in equilibrium because no one group of interest can predominate in all spheres of educational activity（although it should be said that [name withheld] does recognize that there is a wieldy determinant authority and great power and that makes him uneasy about the concept of partnership, as he feels that it implies equality between the partners, whereas the model of the “senior partner” is more appropriate）.）

这100个字的句子中只有两个逗号和一个句号。读起来有意思吗？

（5）性别歧视语言。如果为了避免性别歧视的语言，你在撰写报告过程中任意地选取“他”或“她”来使用，这也会对阅读报告造成困难。虽然如果使用得非常不频繁，这么做是有好处的，但是这种用法仍让人感到困惑且略显笨拙。当使用在文档中时，诸如“s/he”之类的语言突变体会让人分心，在某种程度上读者的眼球会挑拣这些字，而不是专注于所书写的字的意思。除此之外，这些字很难发音——你要如何读出这些字呢?

使用复数代词是一个解决方法，在本书中这种方法贯穿始终。例如“调查者通常选择两种方法收集数据”（researchers often choose two methods of gathering data）或“人们说他们更愿意少付点钱”（people said they would prefer to pay less）。

（6）使用正确的词语，避免使用缩写词。在平常的讲话中或正确的场合中使用某些词是没有问题的，但是如果在严肃的或商业性的报告中使用这些词是错误的。口语中的缩写词，如“hasn't”、“can't”、“don't”如果出现在官方调查文件中是不适当的（虽然人们正在逐步接受这种用法）。此外，如果在表示“美利坚合众国”（United States）的场合使用“美国”（America）这个词，或在表示“大不列颠及北爱尔兰联合王国”（United Kingdom）的场合使用“英国”（England）这个词，会妨碍你清楚地表达自己的主题。

有关报告撰写中可接受的表达方式在不断变化，部分原因是来自互联网的影响。与学术同仁相比，我本人的写作风格倾向于不那么正式。你会读到一些教科书，上面推崇的写作方法比这本书列出的方法正式得多。最好还是在你所进行调查的所属教育或工作机构的指导之下撰写调查报告。

8.8 句号、逗号和分号

标点符号的使用是经常被误解的部分，因此标点符号也经常被误用。当我们讲话时，我们可以通过语调、姿势和面部表情的变化来指示某个想法和另一个想法之间的关系。在写作时，我们无法使用这些辅助方法，而标点符号恰恰取代了它们。

标点符号的使用规则并不呆板，而且熟练的作者能够借助标点符号来对其所要表达的意思进行些许的暗示。但是在标点符号的使用方面还是有一些需要遵循的普遍规则，而且仔细运用标点符号还能帮助你清晰地撰写报告。

（1）句号。句号使用在完整的陈述后面，它是可用于两个观点之间的最强烈的间隔。如果你有疑问，请始终选择使用句号然后开始一个新的句子。

（2）逗号。逗号所表示的间隔比句号短，在某种意义上说表述一种暂停。逗号可用于表示方向的微小转变，如下面的句子所示：

大学足球队以赢得 Kingsway 杯的优异成绩结束了本赛季，尽管在今年的早些时候，这看似是不太可能的事。（The university football team ended the season well by winning the Kingsway cup，although earlier in the year this seemed unlikely.）

逗号也可用于防止读者对所书写的内容产生误解，而且删掉逗号可能完全改变句子的意思。看一下下面几句话，每句话所暗示的意思完全不同：

The external research paper，I found was relevant to my needs.（我发现外部调查文件与我的需求相关。）

The external research paper I found，was relevant to my needs.（我发现的外部调查文件与我的需求相关。）

The external research paper I found was relevant to my needs.（我发现的外部调查文件/我发现外部调查文件与我的需求相关。歧义句）

（3）分号。当逗号的分隔不够强烈而句号的分隔又过于强烈时，可以使用分号。是使用逗号还是分号完全取决于个人偏好，在大部分情况下并没有严格的对错之分。

在下面的例句中，逗号完全可以取代分号：

I started the research in January. The work took up most of my weekends；and I would not wish to have to go through it all over again.（我从1月份开始调查工作。这项工作占据了我大部分周末时间；我真不希望再重新做一遍。）

分号所带来的额外停顿使得读者有时间更好地理解句子的第一部分。

（4）冒号。冒号通常用于介绍一系列的词语或引语。例如以下副词列表：

大声地；

缓慢地；

快速地。

冒号也可用于强调在句子之前部分所陈述的内容。例如：

The research department started in the 1960s with only 3 members of staff：now it has more than 200 employees.（调查部门始建于 20 世纪 60 年代，当时只有 3 名员工：现在员工人数已经超过 200 名。）

8.9 复杂的布局

与个人的观点一样，不同机构对于好的报告布局的构成细节也存在不同的看法。你可能被提供所需的布局列表，或只需要自己来设计布局。

如果你不能完全确定要采用什么样的布局，请阅读一下所列出的建议，采用那些你感兴趣的部分。在本章 Part B 部分中有更多有关如何使用计算机来实现这些布局的建议。

（1）行距。对于文档的行距基本不用说什么其他选择，因为以两倍行距而非单倍行距打印文档几乎是非常确定的事（请参见下面两张表中的区别）。但是，通常较长的引文都以单倍行距显示。

单倍行距示例

这是单倍行距的示例。你会发现没有足够的空间来书写任何评语或者建议。与两倍行距相比，相同的文本所占用的页面数会比较少。

两倍行距示例

这是两倍行距的示例。教育机构使用两倍行距以便在文本的行与行之间为应试者或讲师提供书写评论或建议的空间。在商务写作中也因同样的理由而使用两倍行距。

同时也请注意标题与之后正文之间以及段落与段落之间的额外间距，这被认为是可用的最清晰和最简单的行距。

（2）单面打印。通常调查报告都被要求单面打印。

（3）编页码。这是关键的，对于正文的部分来说是必不可少的。

（4）页边距。由于可能会进行装订或夹到塑料文件夹中，页面左边的边距应大于右边的边距。左边边距 3.17 厘米，右边边距 2.5 厘米通常就够了。教学机构通常会将页边距作为指定的衡量项目。

（5）标题显示。通常主标题应该比副标题更加突出。文本内容的字体应该比主标题或副标题的更加小。从专业的角度看，统一性是非常关键的。

（6）引文。如果仅引用较短的句子或几个词语，仅在正文中插入双引号（倒转的逗号）即可表示引用，并将出处写入之后的括号中。有时一些教育机构会要求你使用单引号，所以在撰写报告之前最好先核实一下。

如果引文比较长，就需要单独占据一段文字。这通常会使用单倍行距，且缩进 1.27 厘米。

在 4.2 节“列举参考文献与编制书目”中有更加详细的有关引用和参考文献的信息。

报告的字处理工作是与准确性相辅相成、缺一不可的，缺了其中任何一项，另一项也将产生很差的结果。如果文档撰写准确但是没有采用很好的展现技巧，完成后的文件离预期的效果仍然会很远。成功撰写报告的秘密之一就是采用一致的行距风格。

8.10 一稿、二稿、三稿?

对于需要重新撰写几遍才能得到可被接受的调查报告并没有什么金箴。越多采用本书中到目前为止所提出的建议，你就越可能不需要改写报告。

当你最终完成初稿时，将它放置在一边一个星期左右是一个不错的想法。如果可以的话，尝试完全忘记这件事，让你的大脑从过去数月来一直在思考的调查中解放出来，休息一下。但是不要将其放置超过两到三个星期，否则你将无法重新熟悉报告中的观点，并判断你所书写的内容是否是对所发生事情的真实写照。

现在请再阅读一遍报告，并写出报告的二稿。在再次评估报告时，你几乎必然会想要修改其中的某些领域，划掉一些段落并插入一些新的段落。请检查拼写和语法是否正确，段落之间的连接是否紧凑。询问别人是否愿意帮助你阅读草稿并挑出其中仍然存在的错误，或者是否愿意对报告的主旨明确与否以及句子结构是否易于理解提出一些指示，如果有人愿意帮助你那就更好了。能够帮助你做这些事的人不一定必须是报告所涉及领域的专家。

如果调查是教育机构中进行的小规模调查，你的导师很可能会在形成调查报告的过程中几次阅读你的初稿。他们会想要确认你的工作方向没有错误，这对于首次开展调查的调查者的帮助是极大的。如果在教育机构范围以外进行调查，你会发现要求你的主管看一下早期工作，以便判断你的工作是否沿着正确的方向进行是非常有帮助的。了解自己所做的事是正确的是一种安慰，而且他们可能提出的那些建议能帮助你更好地利用时间。

你可能需要三四次地重新撰写报告，或者如果没有很好地计划，你甚至需要重新撰写五次，但是你在生成报告时越多地利用计算机，重新撰写报告的工作就越简单。

当你最终确认已经完成了所有的工作，就该检查一下页码是否连续，参考书目是否完整，然后撰写目录页并提交报告——希望能够在所规定的时间内完成。

Part B

对于报告是否撰写得当以及报告是否得到适当的呈现，你将负有完全的责任。除了要谈及报告中的问题外，你的报告还必须看起来十分专业、整洁、干净。对于报告专业外观的金科玉律是在布局细节上保持一致性。

如果在这一阶段你花费足够的时间来检查最微小的细节，你将会获得一份专业且让人一目了然的报告。遗憾的是，与之前更让人激动且更有意思的知性阶段相比，这一阶段往往被调查者看做是枯燥无趣的。这一阶段确实会枯燥无趣，尤其是当调查者不使用计算机时，因为这样就必须手工完成所有的工作。但是，如果调查者能够操纵键盘上的一些按键，让计算机来完成这些枯燥无趣的工作，那么这一阶段就不会花费很长的时间。

如果在调查的所有阶段中都使用了计算机，那么实际的调查报告撰写工作也就不会那么繁重了。如果使用了计算机，那么调查者就处于一种让人羡慕的地位，因为他们已经将大量的工作键入并保存在了计算机中，他们仅需适当组织其中的部分和段落，并在撰写过程中稍作调整以保证明确性和连贯性。

8.11 使用字处理软件

如果在调查过程中你尚未使用过字处理软件，那么现在就是一个很关键的时间，因为将最终的文档键入并保存在计算机中将为你节省大量的时间。即使你尚未掌握如何使用字处理软件，现在也应该从调查报告撰写工作中抽出一天的时间来学习一些字处理软件的基本知识。即使是写完了初稿才开始学习使用字处理软件，这么做的回报仍是巨大的。初稿即成为报告的完成版本的可能性非常小，你可能需要不止一遍地重新撰写其中的几个部分。

如果你认为你可以通过使用旧式的打字机来解决这一问题，那么请你再仔细考虑一下。一旦通过打字机将报告内容写在了纸面上，任何改动都意味着要重新打印整个页面的文字，而如果使用字处理软件作同样的更改，你只需改动存在问题的段落。使用字处理软件后，你不必重新打字或调整周围段落的位置，计算机会自动帮你处理这些问题。

相似的，如果你想要手写报告，那么之后的工作对你来说将会困难重重。即使在调查工作的最后阶段（即现在）突击一下如何使用键盘并开始使用计算机开展工作也是很值得的。

如果你是那种明智的人，在确定报告主题之前就开始使用计算机了，那么现在就可以利用计算机来帮助你完成艰苦的工作了。

8.12 计算机词典（拼写检查程序）和语法检查程序

你可以在处理过程中或在将所有文字键入计算机后要求计算机帮你检查文档中的语法和拼写错误。但是，计算机的检查工作不能代替你自己进行校对并挑拣语法和拼写错误的工作。计算机的作用确实了得，但是却无法区分单词的意思，例如它无法区分 there（那里）、their（他/她们）和 they're（他/她们是），或 weather（天气）和 whether（是否）等。对于语法检查来说情况也是如此，计算机并不能提醒你所有的语法错误，所以请在亲自校对的基础上使用这些非常有帮助的功能，而不要将其视为替代校对的工具。

如果你使用的是微软软件，在键入文字的过程中你会看到一些单词下面会出现一些红色或绿色波浪线。这是 Word 系统给你的错误提示。红线表示拼写错误，绿色表示可能存在语法错误。出现这两种情况时，你可以作以下处理：

（1）忽略这些提示，完成整篇文档的键入工作后一次性检查所有的拼写和语法错误。

(2) 每次出现提示就进行检查。

大多数软件都具有相同的检查系统，如果你求助屏幕帮助工具并使用“拼写检查程序”和/或“语法检查程序”，你就可能获得如何操作这种特定系统的详细指示。要使用微软的拼写和语法检查程序，请遵循下面的指示。

8.12.1 在键入文字的过程中对文档进行拼写检查

当出现标注有指示拼写错误的红色波浪线的单词时，你可以有几种选择，主要的选择如下：

- 如果知道正确的拼写，删除该单词并立即重新键入正确的单词。
- 在不正确的单词上单击鼠标右键，在显示的单词列表中单击正确的单词（鼠标左键）（如果列表中有正确的单词）。

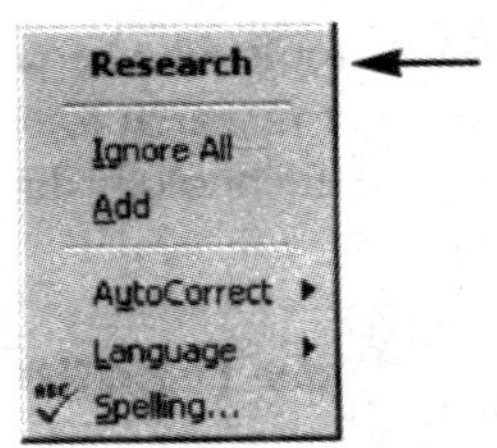

这样，键入的不正确的单词即可被替换。如果正确的单词并未显示在列表中，那么请尝试以略微不同的方式拼写这个单词，即使第二遍的拼写也是不正确的，计算机也可能认出这个单词并为你提供正确的拼写。

- 忽略建议的拼写。计算机将会把未被收录其词典的单词视为拼写错误的单词而突出显示。然而，有时你知道自己键入的单词是正确的，所以不想更改，如 Brause 先生。如果情况如此，你可以忽略红色波浪线。如果你觉得红色波浪线让你感到十分讨厌，你也可以右键单击有问题的单词，然后通过单击适当的选项指示计算机“忽略”此单词或者将此单词“添加”到词典中。

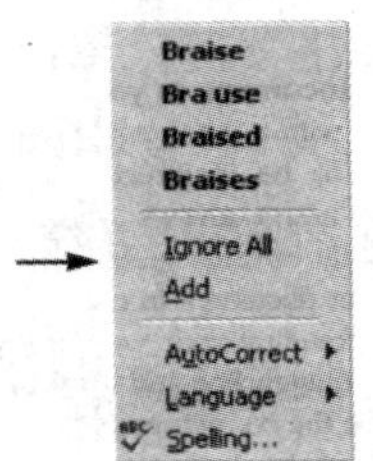

8.12.2 自动更正拼写检查功能

如果你经常拼错一个特定的单词，如经常将“research”错拼为“reassearch”，你可以指示计算机在每次键入这个单词时自动将错误的单词更正为正确的单词。

要进行这一操作，请在错误的单词上单击鼠标右键，然后单击“自动更正”。之后通过在列表中正确拼写的单词上单击鼠标左键选择该单词。从此开始无论何时键入该错误单词，该单词均会自动被更正。

8.12.3 完成后对文档进行拼写检查

有些人认为如果经常停下来更正错误会打断自己的思路，他们更愿意将更正这件事留到调查工作的最后阶段，或至少留到特定的工作日之后去完成。这么做其实也很简单，仅需单击标准工具栏上的拼写图标插入截图，并以适当的方式回答屏幕上提示的问题。计算机会从光标所在位置开始自下而上地检查文档。

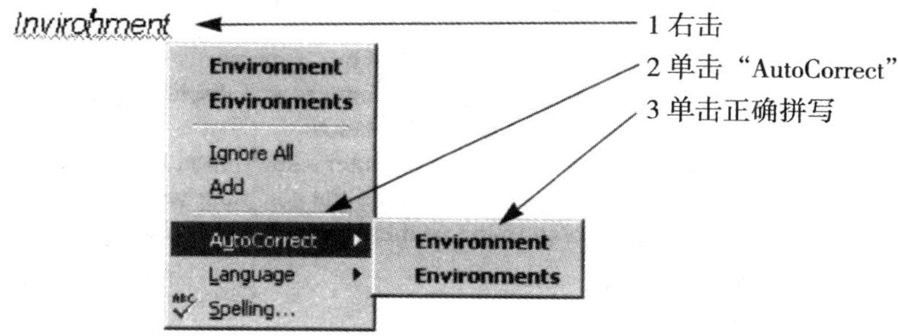

8.12.4 在键入文字的过程中对文档进行语法检查

计算机会以绿色的波浪线突出显示它认为不正确的单词、短语或句子。但是遗憾的是，被标注出的语法错误常常并不是什么错误，而有时计算机却会忽略一些非常明显的语法错误。然而，将文档从头到尾看一遍还是有必要的，以防出现在你校对文档时被你忽略而被计算机突出显示的错误。要进行这一操作，请在标有绿色波浪线的地方单击鼠标右键，计算机将显示建议的语法结构。如果你认为确实存在语法错误，且列表中有正确的替代表达方式，请单击该表达方式。

你也可以通过单击“忽略一次”指示计算机忽略所提供的一个或多个单

词，或者如果你希望得到有关错误的更详细信息，请单击“语法（G）…”并遵循屏幕上显示的信息进行操作。

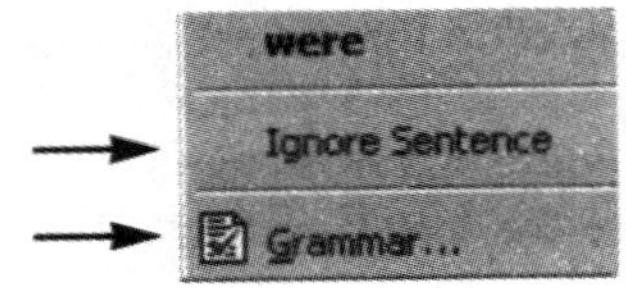

8.12.5 完成后对文档进行拼写检查

如果你想在报告撰写工作完成后检查文档，请依次单击屏幕顶端的“工具”、“拼写和语法”（或按下键盘上的 F7 键）。计算机将显示与下面图形类似的“拼写和语法”对话框。

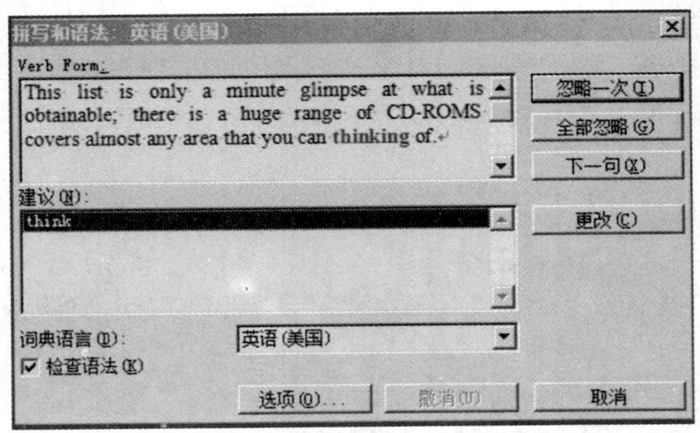

通过单击对话框中适当的按钮来确定是否采纳计算机所提出的建议。之后计算机会遵从你的指示并移动到它发现的下一个错误。

8.12.6 如果拼写/语法检查程序不起作用

Word 软件会在错误的单词下划出红色波浪线，如果你的计算机没有这个功能，可能是因为你将这个功能关闭了。要将其打开，请依次单击“工具”（在屏幕的顶端）、“选项”。

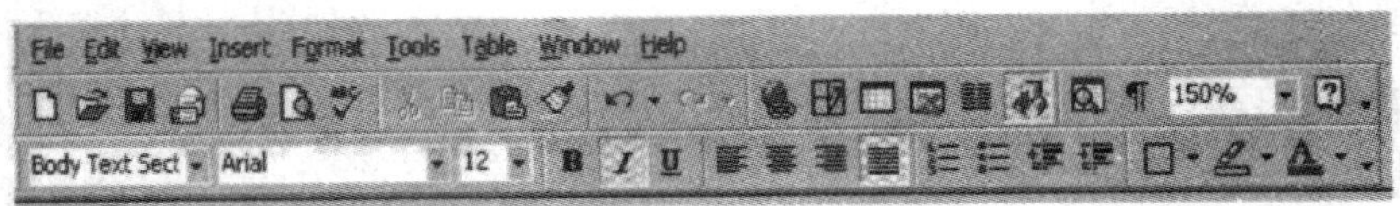

通过单击“拼写和语法”标签显示（见下文的示例）。如果你想要计算机指出可能的拼写和语法错误，应勾选“键入时检查拼写（P）”框和“键入时

检查语法（G）”框。如果想要插入一个勾，仅需单击空白框即可。最后请单击“确定”。

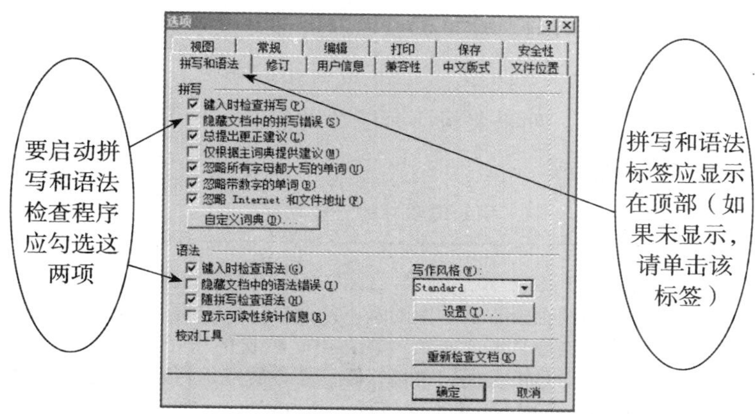

8.13 汇总之前已保存的文件

如果采纳了之前章节中给出的建议，那么在此时的撰写步骤中，调查者就处于一个有利的地位，他们可以将之前已经键入并保存入计算机中的不同部分汇总为一个文件。在计算机中应该存在包括不同调查信息的单独文件，希望这些文件都保存在相关的文件夹中并具有富有逻辑性的文件名。这些信息中可能包括面谈信息、问卷调查结果、柱状图、饼状图、已经撰写的调查结果以及一些网络信息。

现在一些人喜欢将他们的各种文档打印出来，即硬拷贝这些材料。但是在拷贝文档时请确保这些文档名称反映出其内容以及这些文件在计算机中的保存位置。顺便提及的是，大多数计算机软件都可以应你的要求将文件名称在打印稿的页眉和页脚中显示出来（如果使用的是微软 Word 软件，请依次单击“视图”、“页眉和页脚”、“插入自动图文集”和“文件名和路径”）。然后，当他们在真正撰写报告之前（见 8.1 节“撰写初稿之前”部分）可以先将想法进行归类，将他们的打印文件插入到草稿的相应部分中，以便在撰写这些部分的时候将这些打印文件插入其中。

如果调查者在进行调查的过程中将这些部分的信息保存在计算机中，那么在这一阶段，他们将节省大量的时间。

8.14 计算机如何帮助你撰写报告

当你在撰写调查报告时，计算机可以以多种方式来为你提供帮助，使这项工作能顺畅进行。表8—2列示了一些非常有用的帮助，但是这张表并没有将所有的帮助都收录其中。如果要将所有能帮助你撰写报告的功能都列出来，那可能要占据一本书的篇幅。

表8—2 **字处理软件的一些功能**

功能	描述
两倍或单倍行距	行距是调查报告显示中的基本问题之一，这两种间距风格都是需要的。整体文档通常需要两倍行距，但是较长的引用不仅要以其原来的段落呈现，而且需要使用单倍行距。要设置双倍行距，请执行以下操作： • 突出显示需要使用双倍行距的内容 • 按住键盘上的“ctrl”键并敲击键盘顶端的数字2 如果想要设置单倍行距，请重复上述操作但敲击键盘顶端的数字1
重点强调的文本	将需要重点强调的文字处理为斜体、加粗或加下划线是非常简单的事，这样的处理在报告的呈现上是很有效的 • 突出显示相关文字 • 单击屏幕顶端的“加粗”、“斜体”和“下划线”按钮 B I U 一起使用这三种方法不会达到好的显示效果——保持简单的版式会使报告看起来专业得多
项目符号和编号	你可以在文字左边添加数字，这是非常简单的。这对于列表、编号的段落等是非常有用的。 • 突出显示相关文字 • 单击“格式” • 单击“项目符号和编号” • 通过单击诸如以下样式，选择你所偏好的显示方式，即 1 2 3 1.1 1.2 1.3 A B C （1） （2） （3）等 你也可以通过突出显示需要编号的文字并单击“编号”图标（ ）更简单地完成这一操作，但是如果采用这种方式，你就只能接受所给出的任何显示方式

续表

功能	描述
文档参考	如果你将许多的文档保存在数个不同的目录下，并希望在硬拷贝的底部显示这个文档在计算机中所保存的位置，那么这个功能是非常有用的，具体操作方法为依次单击： • “视图” • “页眉和页脚” • “插入自动图文集” • “文件名和路径” • “关闭”
页眉和页脚	如果你想在每页打印稿的顶端显示主标题，请进行以下操作： • 单击“视图” • 单击“页眉和页脚” • 键入相关的信息 • 单击“关闭”
插入段落	如果任何篇幅较长的引用必须以单独的段落键入且需要在左边缩进，则这一功能是至关重要的 • 突出显示需要缩进的文本 • 单击“增加缩进量”图标
移动段落	当你阅读初稿时，你可能会觉得某些段落或节如果放在其他地方会更具影响力，这是很容易办到的 • 突出显示需要移动的段落 • 依次单击“编辑”、“剪切”（或单击剪刀状图标） • 将光标放置在你想要该段落出现的地方 • 依次单击“编辑”、“粘贴”（或单击粘贴图标）
迅速移动到报告的任何部分	除了使用“上一页”、“下一页”键以及屏幕右侧的滚动条外，你还可以指示计算机迅速移动到某一页。当文件的文本占有很多页时，这个功能非常有用 • 单击“编辑” • 单击“定位” • 输入需要的页码 • 单击“定位” • 你可以看到在对话框的左边有很多选项（定位什么?），所以你可以像定位页码一样简单地定位标题或批注 • 完成操作后单击“关闭”

续表

功能	描述
多级符号	通过使用多级符号，你可以在键入标题副标题时自动添加其详细编号(图 8—1 即为此用法在目录页中的示例)。要完成此操作请遵循以下步骤： • 单击“格式” • 单击“项目符号和编号” • 单击“多级符号”并通过单击所需要的显示方式进行选择 • 单击“确定” (请注意，有些人更喜欢使用“表格”来完成这一操作)
页码	如果你插入额外的页码或在任何地方插入几个额外的段落，那么选择自动编页码功能是非常明智的，这样计算机就会自动移动相关的文本并正确地调节页码： • 单击“插入” • 单击“页码”，选择位置（页面底端或顶端）和对齐方式（左侧、右侧或居中） • 单击“确定”
删除一个段落	第二遍看报告时，你可能觉得你写的一些内容很不好，并希望在别人看到这些内容前将之删除： • 突出显示“垃圾内容” • 依次单击“编辑”、“剪切”（或单击剪刀状图标）
搜索特定的词语	如果你希望了解之前在什么地方提到过一个特定的词语，要求计算机为你搜索任何给定数量的词语是非常简单的。当你的报告文档很长，且你不记得之前对于一个主题或一个人曾写过什么，那么这个功能是非常有用的： • 单击“编辑” • 单击“查找” • 键入所需要的词语 • 单击“查找下一个” • 完成后单击“取消”
搜索特定的词语并用其他的词语将之替代	也许你会不小心在整篇文档中将某个人的名字拼写错，或者打错了某个单词。这个功能使你能够一次将所有的错误单词全部改成正确的单词，或者查看每次出现错误的地方并依次确定是否需要更改： • 单击“编辑” • 单击“替换”，键入需要找到的词语 • 键入想要在这些地方出现的词语 • 单击“全部替换”（将搜索整篇文档并替换所有单词）或单击“下一个”（使你能够选择是否在每个出现该词语的地方进行替换）

续表

功能	描述
以字母顺序排序	当你希望在参考文献中以字母顺序将作者进行排序时，这个功能尤其有用。这些按键能帮你节约数小时的排序工作。但是要小心使用这一功能，因为一旦排完序就不能取消了。 突出显示你希望根据字母进行排序的文本（请记住，如果在表格中进行操作，不要包括任何表头）： ● 单击“表格” ● 单击“排序”，键入对哪一列进行排序（如果表格多于一列） ● 单击相关的格式（即文本、数字等） ● 选择升序或者降序（即从A到Z或从Z到A） ● 单击“确定”
格式	当你正在打一篇很长的文档，需要历时数个星期，你会很容易忘记在之前所选择的字号——如果你希望报告看起来前后一致且具有专业性，选择统一的字号是非常基础的。 如果你想要计算机自动为相同字号的字选择相同的字体（如所有的主标题都加粗，或所有的副标题都自动选择较小的字号并加粗）。同时也可以为正文选择不加粗的更小的字号。你需要做的只是选择风格，其他的事都将由计算机来完成： ● 打开保存的文档，单击“格式” ● 单击“样式和格式” ● 通过单击左栏中的一个名称选择一个风格，文档的风格将会在预览窗口中相应改变。你可以通过单击列表中的其他名称预览不同的风格 ● 当预览窗口显示了你所偏好的风格而你希望改变风格时，单击“确定” ● 或者如果你偏好文档原来的风格，单击“取消”
字数统计	统计页码、节或整篇文档字数的功能。当你需要设定整篇报告的最多或最少字数时这个功能尤其有用： ● 单击“工具” ● 单击“字数统计” ● 如果不是统计整篇文档的字数，在之前先突出显示需要统计字数的区域

这里列出了一些简短的指示，其假定使用的是微软的Word软件，因为这是目前最常用的字处理软件，而且其他的软件也具有这个软件的许多功能，所以请务必咨询你使用的特定软件的在线帮助功能，或请购买其指导手册。

8.15 合并文件

8.15.1 经过字处理的文件

当你撰写调查报告时，你将会碰到多处需要插入之前已经撰写或计算且已经以不同的名称保存的文档的情况。将之前已经保存的文档插入到屏幕上显示的新文档中是一件相对简单的事情。

在第一个例子中，让我们假设你想要将一篇之前已经保存过的字处理文档插入到现在屏幕上显示的文档中。要完成这个操作，你需要在屏幕上打开当前的文档，同时也打开之前已保存过的文档，然后遵循以下列出的步骤：

（1）当两个文档都打开时，突出显示你想要插入的之前已保存文档中的文本并将之复制（在微软的 Word 软件中仅需单击工具栏中的“复制”图标即可）。

（2）现在将当前文档调至前面使其位于上方。有很多方法可以完成这个操作，其中的一个方法就是关闭之前已保存的文档（依次单击“文件”、“关闭”）。

（3）将光标放置在想要插入文本的位置，然后粘贴突出显示的文档（在微软的 Word 软件中仅需单击工具栏中的“粘贴”图标即可完成此操作）。

来自之前文档的文本将会出现在当前文档中，但是毫无疑问的是你需要对之进行整理并检查其可读性以及是否使用了相同的时态等。

8.15.2 来自非字处理软件的文档

如果你想要将以不同的软件保存的文档（如图形或饼状图）放置到当前调查文档中，你需要确保你已经在屏幕上显示了处理窗口。处理窗口与字处理文档中的突出显示具有相同的功能，能显示你想要移动或以某种方式进行操作的区域（见图 8—2）。

你可以通过鼠标左键单击图表中心来获得处理窗口。一旦出现了处理窗口，你就可以遵循上面部分（经过字处理的文件）介绍的几个步骤进行操作了。

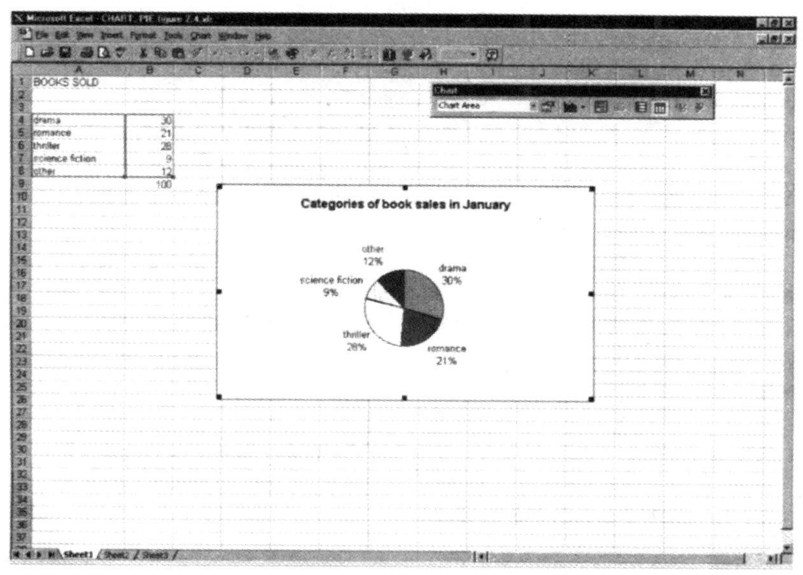

图 8—2 来自非字处理软件的文档示例

8.15.3 互联网文件

将已保存的来自互联网的信息插入到文档中的方法与上文所述的方法类似。有关互联网文档的问题是它们可能具有很多不同的表现形式。互联网文件中使用的各种字体、文本大小、颜色和特殊效果可能与你调查报告中采用的风格完全不同。

一些页面可能由于其链接和效果而存在一些困难。如果你想要使用从互联网获取的信息，你必须获得拥有这些信息的个人、大学或公司的许可。如果你想要阅读信息并引用其中的一部分，你必须表明这些文字并非你自己撰写的。你可以使用像从书本或文章中引用一样的方法表明这一点，即印证其出处。

请看图 8—3 中的互联网网页的示例，该网页下载后未经任何修改。该项信息由 Palgrave 出版社发布并以 HTML 文档形式保存。你可以看到在此起动页面上使用了大量不同的字体和风格。

就像在本书的 3.16 节“文件夹（或目录）”和“如何在计算机上创建文件夹”所提及的，与尝试在线阅读、剪切和粘贴互联网文件，或在线保存编辑过的部分相比，将互联网文件下载到专门的互联网文件夹以供日后阅读是一

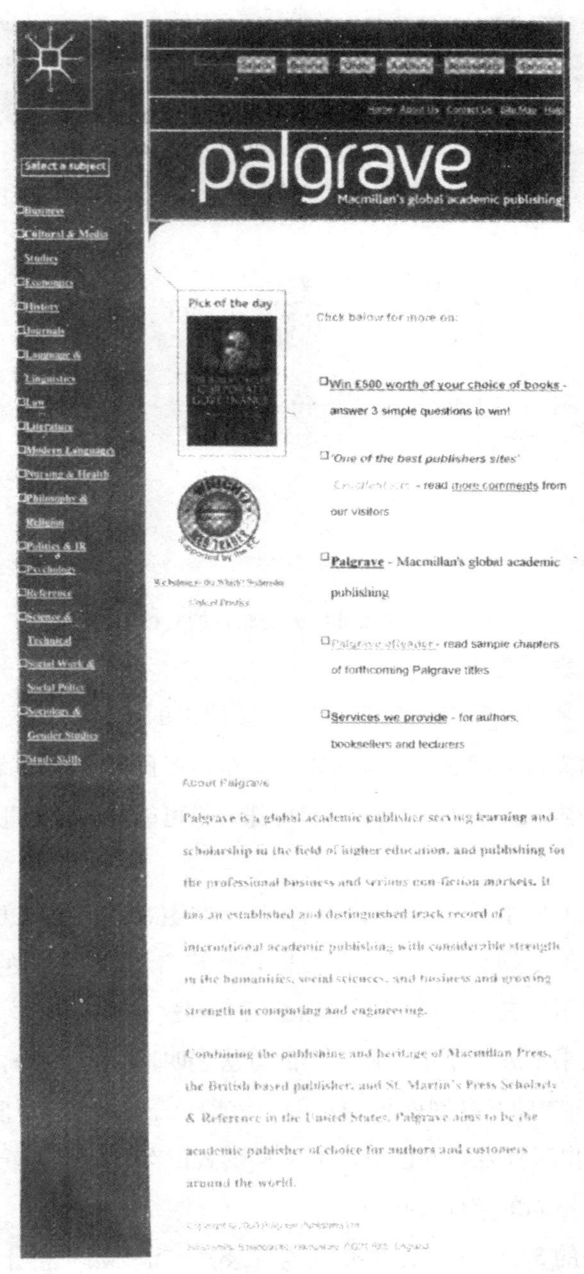

图 8—3　经 Palgrave 出版社许可的互联网网页

个比较好的做法。这样你就可以继续在线浏览并在之后的空余时间进行阅读。

不要忘记标注已保存文档的网址，这样你将能够毫无困难地再次找到这些文件。万一你需要引用这些文件，你也可以随即获得相关的信息。有关详细的指导，请参见4.8节“标记有用的网站”部分。

如果在下线时你想要将一些互联网文本整合到自己的文档中，你可以突出显示这些文本并以常规的方法进行复制和粘贴。如需这方面的任何帮助，请参见表8—2。

要从互联网网页上删除图片或图形，通常比较好的方法是从左侧点击该图片或图形，然后单击鼠标左键——图片就会被突出显示，之后你可以按键盘上的删除按钮。如果你试图单击图片的中央，如果图片具有互联网链接，则计算机会试图继续链接到网络上。

第 9 章

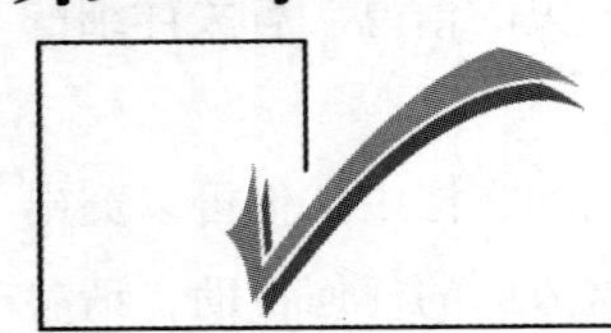

有力的演讲

Part A

并不是所有人都认为站在人前讲话是一件令人愉快的事。当想到这件事时，忧惧和纯粹的恐惧是首先在头脑中冒出的两个词语。

作为开展调查的学生，你可能被要求向同学解释调查项目，而作为员工，你的直线经理可能要求你参加上级员工的会议，向他们解释你做过了什么工作以及调查工作的结果是什么。如果一想到要被要求做这些事情就会因害怕和紧张而导致心跳加速，请不要担心。你并不是唯一会有这种反应的人。你可能经常会听说演员述说他们在进行表演之前经历的紧张情绪，这种紧张对于讲师和老师来说也是存在的，特别是当新学期开始，老师们面对一些不认识的新学生时。

做一个好的演讲的正确方法并非只有一个。演讲者和听众之间的互动关系无法得到确保，而且两个不同的听众对于相同的一个演讲可能会有不同的看法，进而使得演讲获得不同的结果。但是，本章将提供一些指南和建议，帮助没有经验的演讲者开发战略来处理这些令人伤脑筋的痛苦经历。

9.1 你如何倾听

对于什么造就了优秀演讲者，我们都有自己的看法。当人们走出会议室时，他们总是会作出大量的评论，当你离开时你可以听到这样的低语："演讲可真有意思。""演讲者讲得可真不错。""实在是太无聊了。""真是浪费时间!"如果你想要人们很好地接受你的演讲，首先请想一下一个成功的演讲者需要做些什么以及怎样才能使听众倾听演讲。

当你在一对一的场合倾听你同事的讲话，对于你是否关注了对方所说的每一个词语是值得怀疑的。有时你的注意力可能会不集中，你会发现自己在想一些完全不相关的事情。也许你手边有一件紧急的任务要完成，或者你突然想起冰箱里面没有任何食物了，又或者你的同事建议的行动方案你觉得不太稳妥，你立即开始想其他的解决方法。所以，听众经常会因为自己的想法而分散注意力。Stuart 将之解释为“路线 350”系统（“Route 350”system）。

人脑每分钟可处理的字数大概为 500 个，而每分钟可以说 150 个字，两者之间存在 350 个字的差距。倾听者分散注意力的机会即为“路线 350”……大部分听众并不像干燥的海绵那样使劲吸收演讲者说出的每一条信息，他们会不断地分析、消化、拒绝或接受他们所听到的内容（Stuart，1988：2）。

所以，关键在于使用其他的策略来抓住听众分散在其他 350 个字上的注意力，起码不能带动听众思考其他的事情。

9.2 帮助听众倾听

出于许多原因，人们会停止倾听或只是处于似听非听的状态，而且其中的一些原因是你无法控制的。如果听众正面对一些非常重要的个人问题，而这些问题会侵占他们生活的其他方面，这时，长期保持其注意力的可能性就会比较小。但是，并非所有听众都处于这种状态，而且对以下所列的一些问题你可以采取一些积极的措施：

9.2.1 实际问题

- 房间里面太冷或太热；
- 座椅很不舒服；
- 一些听众不能轻易看到演讲者；
- 室内或室外很吵。

9.2.2 个人问题

- 演讲者的声音太小了，或演讲者总在大声叫嚷；
- 演讲者令人反感的习惯（不停地翻看演讲稿，站在一个地方不停地前后摇晃等）分散了听众的注意力；
- 演讲者看起来令人很不愉快；

- 演讲者以令人反感的方式使用停顿语气词（如嗯、啊、我的意思是、事实上、你知道等）；
- 与听众没有眼神交流；
- 没有使用大量的肢体语言；
- 演讲者的语音单调且沉闷。

9.2.3 主题问题

- 演讲涉及的问题过于复杂或过于简单；
- 演讲很无聊；
- 听众能预料到会讲什么内容，因为演讲中的内容具有很强的可预见性；
- 演讲者咬字不清；
- 演讲者缺少可信性；
- 演讲中充满了行话。

一旦你知道了将在哪个房间进行演讲，你就可以检查上文所列出的实际问题。

对于演讲者来说，他们很难判断个人问题。一旦准备完演讲，你需要在一两个关系不错的同事面前进行练习，坚持让他们说出真相——这并不是说让他们提出建设性的批评以帮助你找到正确的轨道，但是你必须准备好接受一些出于善意的建议。

通过阅读演讲稿，演讲者能够首先解决主题问题，同时考虑是否犯了上述错误。但是有时主题问题对演讲者来说是根深蒂固的，他们本人并非是判断是否犯了此类错误的最佳人选。同样的，可信赖的同事仍是帮助解决这一问题的人，他们能够为演讲者提供非常有帮助的反馈信息。

9.3 准备演讲工作

自问一下希望演讲能达到什么目的，你希望听众会有什么样的反应，以及演讲能如何使你受益。不要被动接受并认为这些与你无关，因为你仅是出于别人的要求而进行演讲的。即使情况确实如此，你和你的听众也可能从演讲中得到一些收获，如果你适当地准备了演讲，最起码你会获得自信的感觉。

问一下自己，你希望演讲是劝说性的、告知性的、警告性的、娱乐性的、说服性的、教育性的，还是甚至是启发听众的。你可能希望演讲能具备以上所有的功能，但是如果能够确定其中的一个或两个目标，则演讲的准备工作会得到很大的帮助。

以清晰、详细的语言写下力所能及的目标。如果你的听众中没有经理人，那么将你的目标设为改变经理人与其雇员之间的沟通方式是毫无意义的。你错误地定位了目标听众。如果你的调查是为了改变组织中的实践活动，且你的听众就是你的导师和同学（同事），那么也许你的目的应该是将你的调查及其结果告诉听众。说服听众相信你关于改变组织实践方法的理论是没有意义的，因为他们并不处于能够实施改变的职位上。

9.4 定位层次

了解听众只是成功演讲的一部分。问一下自己听众对调查的主题了解多少或他们需要了解多少。倾听已经完全熟悉的报告的详细信息会令人感到十分恼怒和无聊。如果你的演讲对象是你的导师或同学，那么对各种调查方法的详细解释会是毫无意义的。他们在自己进行的调查中都会用到这些方法。然而，你还是应该简单地说明一下你选择某种方法的原因以及你所遇到的困难和取得的成功。

9.5 构建具有逻辑性的结构

通过在演讲稿中构建富有逻辑性的结构并让你的听众了解这一结构，你可以帮助听众厘清思绪，而不必有所彷徨。如果通过在结构中的每个部分结束时进行总结，可以帮助走神的听众重回主题。从听众的角度出发进行思考，如果作为听众，你的注意力分散了，漏掉了五分钟的演讲内容，你能很轻易地跟上演讲者的思路吗？在每一部分的末尾进行总结能够帮助走神的听众将注意力重新集中到演讲上。

以下段落列出了一些可供你使用的结构类型。

时间顺序结构，有时也称为时间顺序。这有点像以发生的顺序来描述事件。听众很喜欢这种结构的演讲，因为它与“讲故事”类似。如果你把演讲当做培训工具，一个接着一个地罗列知识块，那么时间顺序将会是一种非常富有逻辑性的结构。这一结构的缺点在于演讲主题的最重要部分有时会消失在结构中的某个地方，因此应该通过强调和总结相关的要点来使得某些重要领域得到特殊的关注。

定量结构。如果选择这一方法，你可以按照重要性对报告的要点进行排列，并以最重要的部分为起点。如果你希望在最开始就造成一定的影响力(大部分听众在开始时都会专心听演讲)，那么这种结构是非常有用的，但是如果你想要罗列一些知识块，则用处不大。倘若之后的结构是非常有趣且具有相关性的，那么你还是很有希望保持听众的注意力的。

实践和理论结构。此结构将一件事物与另一件事物进行比较，如果听众事先对理论和/或实践比较熟悉，则此结构将会更有成效。在学生就彼此都非常了解的问题（如“学生在大学事务中的参与性”）向导师和同学作演讲的情况中，这可能是一个非常理想的结构。

提出问题并解决问题结构。如果你的演讲是有关确定问题的，且在整个调查过程中你认为你已经确定了问题的答案，那么这将是可以采用的合适结构。如果你寻求给老板留下深刻印象的机会并确定你提出的方法会行之有效，那么解决问题结构毫无疑问是你演讲应该采用的方法。最初可以提出问题，通过已经被尝试但是在某些方面令人不太满意的解决问题方法来说明这个问题，最后列出你建议的解决方法，强调这一方法的所有优点，这样你就可以在演讲中占据优势地位。

告诉听众你所选择的结构

无论你觉得哪种结构适合你的演讲，你都需要让听众了解你的选择。用简短的语句告诉听众你演讲所采用的形式。例如，如果你的演讲是有关“计算机在行政管理中的使用”的，那么你可以选择如下所示的语句开始演讲：

今天我们将探讨计算机在行政管理中的使用，我将演讲分为三个部分。首先我会介绍一下目前行政管理的方法以及计算机是如何应用于行政管理的；然后我们将探讨计算机如何能改进目前行政管理的实践；最后，我们将探寻一下可能的优缺点以及我所能预见的将计算机应用于行政管理的未来。在每一部分的末尾我都会有所停顿，这样你们就可以提一些问题，我们也可以讨论一下之前刚讲过的内容。

你的听众立即就会了解之后半个小时你的演讲所要采用的模式，并且知道了什么时候可以提出问题，进而避免了随时提出问题的情况（对于一位没有什么经验的演讲者来说，这是很难处理的局面）。通过在每一部分的末尾总结之前讲过的内容，你不仅可以使注意力分散的听众重新集中注意力，而且通过提醒听众之前所讲过的内容还可以鼓励听众提出并讨论问题。

9.6 开场白

你只有一次机会来做一个好的开场白，如果开场白不够好，你就会立即失去一些听众的注意力和信任。你需要在最初几分钟内吸引听众的注意力。这几分钟可能是你感到最紧张的几分钟，但却不该是你口干舌燥、心跳加速的时候。你必须将所有的注意力集中在听众身上，并从听众的角度思考问题。你需要为这几分钟做好充分的准备。充分的准备是克服紧张情绪的关键。

听众对演讲者的第一印象将决定之后15分钟的演讲气氛。Bell将演讲者与听众的初始交流看做是一种责任：

有效的交流是与其他人的一种亲密关系，而不是一个人单方面可以完成的……你的首要责任就是鼓励这种状态的形成……听众必须立即对演讲者了解自己在干什么这件事产生信心。他们必须认为演讲者最初的想法非常有意思。这样就必然能排除通常非常沉闷的开场白，例如演讲者谈论自己和自己的焦虑（Bell，1987：19）

你需要快速说服听众你的报告是值得一听的。千万不要在开场30秒钟就直奔主题，这种做法是错误的。通过告诉听众他们能从倾听演讲中收获什么来说服他们，并尝试与个人经历相联系。例如，开场白的一些语句可以如下所示：

- 如果大厦中发生火灾而且你的视力受损无法看清物体，你觉得你会怎么办？
- 你知道吗，我们的食堂每天要供应300份午餐，但是他们一年中只接到一次投诉？
- 如果你的孩子因为在学校里受欺负而哭着跑回家你会怎么办？
- 你是家里唯一的孩子或者是第一个孩子吗？你知道你被认为是我们这

些凡人之中较有才智的一个吗？那些非首胎的人你们知道自己被认为是较放松的人吗？那些家里最后一个出生的人呢，你们又是怎么样的情况呢？好吧，听下去吧，我会告诉你们更多的信息。

9.7　保持听众的关注

你已经在开场白时立即抓住了听众的注意力了，那么现在你就需要让听众相信继续听下去他们是会有所收获的。考虑一下你的听众想要的和需要的可能是什么。如果你已经工作了且是向你的经理作报告，则对方可能想要知道如何才能改进方法或想要实现利润最大化，在这种情况下，你可能需要使用以下语句：

- 我将要描述一种新的沟通方法，这个沟通方法非常好，你的员工将不会再抱怨“没人告诉他们任何事情”。
- 如果你决定考虑我今天将要提出的调查中得出的建议，我们的利润将增加5%，员工也将能从更好、更便宜（顺便提及）的菜单中获得利益。

当然，你并不会主张一些不真实的事物，但是如果你正在进行小规模的工作场所调查，那里必然会有一些你能够在最初就关注的正面领域。你可以在之后的演讲中美化一下情况。通过以上两种论述，你的经理（即听众）可能仅仅是半信半疑，但是如果你的演讲很有趣，那么起码他们会听你讲下去，并在今后记住你的演讲技巧。

如果你的听众是教育机构人员，你需要以另一种方式让他们相信听你的演讲是值得的。你的导师希望了解你已经理解了调查程序，并且高效地对你所选择的主题进行了调查。你的学生希望你能够讲得有趣而生动。你需要使他们相信你，并为他们提供有关你将要讲些什么的更明确的大纲。告诉他们你将不会浪费时间在他们可能于过去6个月一直在学习并且目前可能已经完全掌握了的调查程序上。让他们知道在主题范围内你将关注的领域，并准确地定义你想要与他们分享的领域。

9.8　记住将要讲什么

那么如何记住想要说的每一句话呢？要如何确保以正确的顺序将信息完全

传递给听众呢？你想要将演讲的内容逐字逐句地写下来吗？如果这会让你觉得更有信心，那么你也可以这么做，但是之后请千万不要逐句念出来。低头朗读演讲稿会使听众感到很无聊，而且你也就无法与你的听众进行目光交流，进而在演讲过程中不会有过多的互动。如果你忘记讲到哪里了，并且感到十分慌张，你会怎么办呢？也许你应该再思考一下这个问题。

你可能觉得将演讲稿的开始和结尾详细地写出来能让你感到很放心，首先，它会使你度过最初非常紧张的两三分钟。其次，当你意识到演讲接近尾声时，随着精神的放松，你可能会忘记什么要点（如对听众的倾听表示感谢）。

逐字逐句写出整个演讲稿尽管是很费时的事，但如果你看一下自己写的内容并将要点进行列表，那么这些要点就是你所需要演讲的内容。这些要点不仅能够提醒你演讲的内容，而且还能使你以符合逻辑的顺序介绍这些要点。

如果你可以在有编号的单独卡片上以一行字来记录要点那就更好了。与纸相比，卡片更容易被操控也更容易翻页。卡片的另一个优点是万一你在演讲开始时有点手抖，卡片也不会晃动。知道自己已经准备好了演讲的要点是一种令人安心的帮助。

有些人认为在某些卡片的边上写上一些备注是非常有用的（可能使用不同颜色的笔写），如微笑、环视一下听众、时不时分发一些印刷品等。如果你觉得这对自己有帮助，你是可以这么做的。有些人还会在卡片上打孔，并用装订线将这些卡片按顺序装订起来，以防将卡片掉在地上。同样的，如果你觉得这么做对你是有帮助的，你也可以使用这个方法。

如果你将要第一次与听众进行交谈，我强烈建议你使用一些卡片或提示系统——它将帮助你以有意思且富有逻辑性的方式与听众进行交谈，而且将提示放在面前将会使你放松。

9.9 掌握时间

出于紧张，没有经验的演讲者有时会以极快的速度匆匆讲完演讲内容而没有意识到自己语速过快。要意识到这是会发生的情况，如果觉得自己也会出现这种情况，请减慢语速。试着在两个要点之间停顿一下，或停下来强调一些要点。例如，以下句子中如果中间由停顿效果将会好很多：

我知道今天在座的每一位都已经非常熟悉调查方法了，而且对此的学习也可以说是孜孜不倦的（停顿，面带微笑环视听众）。现在毫无疑问，你们已经知道了有关调查方法的所有内容（咧嘴笑，停顿，并以肯定的态度点头）。是吗？（短暂停顿）所以，如果我现在继续详细地讲述我所认为的调查方法，那么（非常短暂的停顿）毫无疑问，你将拿出烂土豆来扔我了。

在练习演讲的时候可以使用秒表。你可以在不同的卡片上使用铅笔将不同部分所耗费的时间写下来，这样你就可以知道哪个部分使用的时间最少，哪个部分使用的时间最多。我说用铅笔是因为第二遍练习时你可能需要更改时间，你一定不希望卡片上都画着线或看不出写了什么字。当你对所花的时间感到满意时，你就可以在每张卡片上做上该主题的预计演讲时间的永久记录。

9.10 练习演讲

你很容易就能找到理由不大声地练习演讲。你将花费大量的时间确定你的演讲需涉及什么主题领域，将所有的正式演讲内容汇总，准备视觉教具以帮助听众倾听演讲，并为自己的演讲提供一些不同的方法。你甚至会分部分练习演讲，以便了解所花费的时间。但是除非你将所有内容在正式演讲开始之前完整地演练，你才可能充分了解演讲的过程，你的听众也才能获得一个令人记忆深刻而不是差强人意的演讲。

9.10.1 在家里练习

很多人会选择在自己家里第一次练习演讲，因为家里具有隐私性。这是个不错的开始。有些人认为为自己录下视频或音频会有所帮助——不要立即否定这种做法！这可以帮你发现自己是否有什么烦人的习惯，你的肢体语言是怎样的，你是否对假想听众微笑了，以及是否与之有眼神交流。倾听自己的语音也是有所帮助的。通过使用无声的停顿，最重要的是通过以可能的最快的速度做完整个演讲，检查自己是否改变了音调或音量。

9.10.2 在其他人面前练习

练习的第二个阶段应该涉及其他的人。虽然你可能觉得这会使你感到尴尬，但是如果能得到朋友或家人的帮助那将是非常有用的。向他们解释你在干什么，这件事对你来说有多重要，以及练习演讲会多有用。让他们知道这是一件非常严肃的事，而且你需要假设性的批评意见和反馈。

你和你的家人或朋友可能会觉得在演讲结束后再记录需要讨论的问题，而不是在演讲过程中记录对演讲过程的打断程度会比较小。如果在你演讲的过程中，他们要求你停下来以便给你提建议，这可能会打断你演讲的思路。鼓励他们在你的演讲过程中提出相关的问题，因为这可以使你对真实听众将会提出的问题有所准备。

你可能希望为他们提供需要注意的问题列表，如肢体语言、眼神交流、微笑、语调、主题是否有意思以及视觉教具等。当获得他们的反馈时，你需要虚心接受，并从他们的评论中学习。如果你觉得在演讲结束后当场立即接受反面的评论会太痛苦，可以将他们的评论记录下来放在一边过几天再看。一天以后你会更容易接受反面的意见。忠于自己，并尝试冷静地评价这些反面评论。记住他们只是想帮助你。

在第二次练习中使用秒表也是一个好主意，因为与独自练习相比，在其他人面前练习可以为你提供更真实的时间性。

9.10.3 最终彩排

如果你够幸运能够在将进行演讲的房间内做最后的彩排，那就更好了。你将能够查看房间的大小，判断是否适合使用你所选择的某种类型的视觉教具，并决定哪里放置椅子、投影仪等重要问题。

如果能熟悉你准备使用的所有设备，那会是有所帮助的。在演讲开始之前调整所发现的小问题就太迟了。

然而，在演讲之前想看一下将在其中进行演讲的房间通常是不可能的，更不用说有充足的时间进行彩排了。有时你仅仅能在演讲开始之前获得半小时的时间查看房间，在这种情况下想要提前检查设备是不可能的。三十分钟也是聊胜于无的。你可以在听众到达之前利用这三十分钟迅速检查插座的位置并安装你所要使用的设备。你甚至可以要求首位到场的听众帮助你以最有利于演讲的方式摆放桌椅或做一些其他的事情。

但是不能提前在演讲的房间中进行练习并不意味着你不用进行最后的彩排。现在你应该已经考虑过朋友的意见并据此改进了你的演讲。目前你应该使用视觉教具将改进过的演讲再练习一下。你可以选择一些朋友作为目标听众，使用录像机或录音机将演讲录制下来，或者如果这些都无法实现，你可以对着自己的猫练习演讲。通过最后的彩排你的自信心将会飞涨，你也将会掌握更为精准的时间安排。

9.11 视觉教具——为什么使用

使用视觉教具能够使你的演讲更为生动，也能在演讲过程中转换气氛，强调一些观点和要点。计算机能够生成一些非常好的视觉教具，并在正式的演讲中为你提供帮助。但是这一部分的详细内容将在本章 Part B 部分讲解。

视觉教具不应使用太多的文字，所以你应该总结出简练的句子而不是在其中长篇累牍。请对比图 9—1 和图 9—2。如果你是听众中的一位，当演讲者将图 9—1 投射在屏幕上，你会去阅读这些字吗？很多演讲者都会提供这样的幻灯片，然后朗读其中的每一个字——这么做会让听众感到十分无聊。视觉教具应该能够简短地解释或澄清你演讲的相关领域，或解释不同的概念。

在图 9—1 中，如果仅仅是列出主题领域效果就会好很多，然后演讲者将视觉教具作为提示，扩展每一个主题领域，同时听众也可以得到一些不同的东西。如果将小的插图或图片整合到类似这样的视觉教具中，效果将会更好。

所有视觉教具都应当具有支持作用，应当能够将听众的注意力集中到与演讲主题相关的领域，并且应当能轻易地与演讲内容相联系，而不是与演讲的内容格格不入，或完全与演讲内容无关。

看到的事物比听到的事物更容易被理解。当以视觉形式呈现时，统计数据和数学概念更容易被理解，对比的情况也能够更容易地被突出显示，而要以语言方式解释相同的信息则需要听众高度集中注意力以便理解所描述的事物。

考虑使用什么类型的视觉教具不仅取决于你所计划的演讲内容，也取决于你在什么场所进行演讲。如果能够在演讲之前看一下演讲的房间，那将会很有帮助，这样你就可以有更好的条件判断哪些是合适的视觉教具。例如，在窄窄长长的房间中，或在很大的房间中，活动挂图就基本没有什么用，因为坐在中间靠后的听众是无法清楚地看清挂图上的内容的。事实上，如果听众的数量众多，在任何情况下活动挂图都不会是你理想的选择。

图9—1　视觉教具示例（长篇累牍）

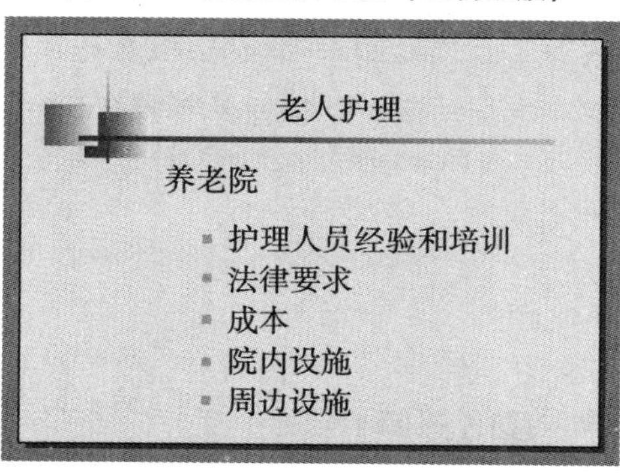

图9—2　视觉教具示例（简练）

9.12　视觉教具的类型

以下列示的是你可以考虑的非计算机视觉教具的类型、它们各自的优缺点以及适合的听众规模。

9.12.1 黑板或白板

人人都非常熟悉老式的黑板，老师们会用白色的粉笔在上面写字（虽然还有其他颜色的粉笔）。白板是黑板的升级产品，它的表面是光滑的白色的板，可以使用各种颜色的水性马克笔在上面写字。你必须选择正确的笔，否则要擦掉所写的内容将是非常困难的。

在使用黑板或白板时最普遍犯的错误是在写字时对着黑板或白板说话。如果这样做了，你的听众就只能看到你的背影，听到你的嘟哝声。即使你的声音非常响亮，听众也会读你在黑板或白板上写的字而不是听你的演讲。许多人在书写板书时会挡住他们所写的字。如果你是使用右手写字的，你需要花很长的时间训练站在黑板或白板的左边写字（如果左手写字就相反），这样你才能不影响听众的视线。即使是这样，一些黑板或白板会太宽，如果你一直写下去还是会挡住听众的视线的。

在记录听众想法（头脑风暴）或者总结演讲中的要点方面，黑板/白板是有用的。将板书写得大而清晰，并设法保持每一行都非常直也是非常有帮助的。

如果黑板/白板已经使用了很长时间，且表面已经非常不干净，你的听众就很难看清你所写的内容了。或者如果黑板/白板悬挂在墙上很高的地方，那么你必须踮起脚才能够在上面写字。踮起脚写字是不可能保持每一行板书都非常直的。

优点：

- 使用方便；
- 不需要培训；
- 可轻易使用不同的颜色强调不同的重点。

缺点：

- 旧的黑板/白板无法擦得足够干净，而且粉笔很脏；
- 必须使用特殊的记号笔；
- 板书必须大而清晰，这样听众才能看清楚；
- 如果拼写不是强项而且无法沉着地就拼写问题向听众寻求帮助，则这种方法是令人泄气的。

9.12.2 投影仪

投影仪是顶部透明的盒子状设备。盒子中有一个灯泡，上面有一个透镜和折反射光系统。通过将半透明（乙酸酯）的投影片放置在盒子的透明顶部，物体的图像就可以投影在墙上或屏幕上。

你可以事先准备材料，或在半透明的A4投影片上绘制新的材料，将这些材料在演讲过程中投影。投影仪的使用就如同活动挂图一样，但是它具有一个优点，即能够重叠放置投影片，以便形成一幅完整的图形。投影仪需要使用特殊的记号笔，这些笔有不同的颜色。

通过移动垂直方向的旋钮，向前或向后移动投影仪本身以及调整光线亮度开关可以调节投影在墙上或屏幕上的图像的大小和清晰度。投影仪的操作非常简单，但是最好还是在演讲开始前花五分钟时间进行尝试。在演讲之前，你还需要事先将投影仪安装在实际房间中的正确位置上。一个好的做法是投影已准备好的投影片，并在房间中的不同位置查看，观察其是否在任何角度看都是清楚的。

当使用投影仪时，需谨记几个要点：

（1）当首次展示投影对象时，在进行任何解释前，给听众一些时间进行消化。当你完成对该投影对象的描述时，仍将其在投影仪上放置一点时间——记住，你对投影对象是熟悉的，但是你的听众却并非如此。

（2）在投影仪的图片上指点，而非在屏幕上指点，这样可以使被指点的图像更加清楚。除此之外，触碰图像可能也是不太容易的。

（3）当第一次展示投影对象时，你需要看一下屏幕，以检查诸如是否将图片放颠倒了等问题。之后尽可能多地注视听众，与听众保持眼神交流。如果你需要提醒自己正在投影什么内容，你可以看一下投影仪。

（4）如果将事先准备好的投影图片放在投影仪上，你可以使用一张白纸将其遮挡住，并根据相关性一部分一部分地揭示投影内容（如果将白纸放在图片下面而非上面则不太可能将白纸抽走）。当你的投影内容中具有你想要依次介绍的要点，这一方法是非常有用的。它可以使听众对之后将揭示的感到惊讶，并使他们不能在你介绍第一个要点时阅读图片上的所有内容。但是，不要在整个演讲过程中多次使用这一方法——使用超过一次，这个方法会变得令人觉得无聊和生气。如果在演讲过程中你有很多想要写出来的内容，你可以使用连续的一卷投影片，但是以我的经验来看，这并不像获得A4纸那样容易。当你使用的确实是一卷投影片，如果不为其提供支撑你也很难进行操作。

优点：

- 容易使用；
- 无需培训，仅需在使用前有所熟悉；
- 如果有必要，可以事先做好准备工作；
- 可携带（与其他机器相比有些机器更易携带）；
- 以同样出色的效果显示图片、表格和文档；
- 使用彩色影像可以增强效果；
- 可在投影片上影印材料以便进行随后的投影；
- 在光线良好的房间中可清楚显示投影影像。

缺点：

- 需要在演讲开始之前进行对焦和安装；
- 灯泡会损耗并突然熄灭，检查是否有备用灯泡（通常会夹在投影仪的盒子中），因为你一定不想在演讲过程中无法使用投影仪；
- 需要特殊的投影片和笔；
- 由于屏幕上的投影影像可以根据需要调整大小，因此无论听众人数多少均适合使用投影仪。

9.12.3 活动挂图

活动挂图即将标准化的事先裁好的纸片粘贴到黑板架上。当演讲者使用完一张纸后可以翻开这张纸以显示下一张白纸。标准的活页挂图白纸尺寸为810mm×510mm（当然也可以购买非标准尺寸的活页挂图白纸）。可使用粗的记号笔在活页挂图上写字。

大多数黑板架都是可以调节的。如果你长得不是很高这一点就非常重要了，因为要“翻开”一张很大的纸会比较困难。如果你长得比较矮，你可以寻求现场长得较高的听众帮助你翻纸——这会是一种很有意思的插曲，这些插曲能为演讲增添光彩和活力。所以，不要仅仅因为身高的原因而放弃使用活动挂图。

活动挂图在记录听众观点（头脑风暴）或总结演讲要点方面是非常有用的。有些情况下，你可以事先在活动挂图上写下演讲的要点，并在你讲到相关方面时翻开相应的活动挂图。

优点：

- 使用方便；
- 不需要培训；
- 如有需要可事先作准备；
- 黑板架非常轻便，容易携带。

缺点：

- 纸的质量参差不齐，如果太薄，记号笔会渗透到纸的后面；
- 为了使听众看清所写的内容，字迹必须大而清楚；
- 如果拼写不是强项而且无法沉着地就拼写向听众寻求帮助，则这种方法是令人泄气的。

对于听众规模较小（最多30人）的演讲来说，活动挂图是很有用的，而且最好在小房间中使用活动挂图。

9.12.4 幻灯片

幻灯片在呈现某些材料时是非常高效的方法。也许你的调查涉及拍摄不同建筑物和人物的照片，那么除了使用计算机外，幻灯片是最好的呈现这些材料的方法。拍照片并将照片制作成幻灯片并不昂贵，如果你想要反复使用这些幻灯片，那么花费额外的成本为这些幻灯片制作专业的幻灯片夹还是值得的。一旦制作完成，可以将单个幻灯片放置入幻灯机的转盘或架子中。每次你按动按钮（希望是一个遥控器），幻灯机都会将图像投影在屏幕（或白墙）上。使用幻灯机的缺点是房间内必须保持较暗的光线才能使投影影像十分清晰。因此，你可能需要在演讲过程中的某些时点安排显示幻灯片。将灯光调暗，播放彩色的幻灯片并配以你的背景描述将会为你所采用的其他演讲方法带来一个不错的间断。然而，在使用幻灯片时要意识到过犹不及这个问题，你不能在演讲过程中仅使用这一个方法，因为这样会使听众感到非常无聊。

优点：

- 非常容易使用；
- 为演讲带来多彩的休息时间；
- 轻便易携带；
- 一旦制成，幻灯片可反复使用。

缺点：

- 幻灯片的质量和内容取决于摄影师；
- 需要练习将幻灯片放置入托盘的动作——很容易将幻灯片放颠倒或放反；
- 万一想要改变幻灯片的放映顺序，很难在演讲即将开始的时候更改幻灯片放入托盘的次序；
- 演讲者需要了解什么时候不要说话，有时听众需要时间观看特别有趣的幻灯片；
- 放映时光线太暗使得听众无法做笔记；
- 由于光线比较暗无法总是与听众进行目光交流，或者由于没有遥控器，演讲者无法站在听众的前面。

无论听众规模大小，35mm 的幻灯片都是可以采用的，而且可在大多数演讲场所中使用这些幻灯片。但是如果演讲的场所有百叶窗或窗帘，则幻灯片的使用更具优势。

9.12.5 视频或音频剪辑

不要小看活动图片或音轨的作用，它们的告知作用和情绪感染功能是任何方法所不能及的。如果你认为在演讲中增添几分钟的视频或音频（来自 CD 或磁带）会增强演讲效果，请确保所使用的视频或音频能够为你的演讲主题提供支持作用。使用与演讲主题相去甚远的有趣的视频剪辑和需要解释两者之间相关性的音乐，会使视频和音频剪辑失去其本应具有的影响力或娱乐性。

如果你想要使用其他人制作的材料，先请判断一下这么做是否道德。在将这样的材料显示给听众看之前最好能得到制作人的同意。

这些工具能够增强演讲效果，特别是当听众事先了解在视频或音频的播放过程中将会看到或听到什么时，更能增强你的演讲效果。演讲者应该以精准的次数控制机器的开关，应负责调整视频和音频材料之间的间隙，并将这些材料整理到一起供下次使用。

优点：

- 在演讲过程中创造独特的插曲；
- 使用非常方便；
- 可对听众造成影响；
- 相关部分可播放两次；
- 如果好好计划，演讲者可以有效地使用视频或音频播放之前和之后的时间。

缺点：

- 自制的材料其质量和内容取决于调查人员的专业水准；
- 需要熟悉将被使用的设备；
- 需要练习操作过程；
- 较暗的灯光意味着听众无法做笔记；
- 使用前需要获得相关创作人员的许可。

无论听众规模大小均可使用视频或音频剪辑，而且可在大多数演讲场所中使用视频或音频剪辑。但是如果演讲的场所有百叶窗或窗帘，则在播放视频时将更有优势。

9.12.6 实物

当实物很难用语言来形容时，直接向听众展示该实物是很有帮助的。而且如果听众能真正看到你所描述的实物，他们就能更好地理解你的演讲。

你的演讲可能是关于工程公司的健康和安全问题的。你可能已经调查了一些已经发生的一般事故，并认为如果一些机器具有第二道安全防护措施，就能完全消灭人为错误，进而消除一般事故。要将大而笨拙的机器带到演讲现场是不现实的，但是你可以在投影仪中展示真实的机器图片，并将建议的安全防范设施的实物或模型带到现场。这将为你的演讲增添乐趣，并为你省去大量不必要的描述。

如果你想要让听众传阅你所介绍的实物，则带来一些新的事物是不明智的，因为这样只能吸引一部分听众的注意力。确定允许听众花费多长时间了解一个事物是很难的，因为有些听众会花上很长的时间仔细观察事物的每一个细节，这会拖延演讲的进程。在传阅某个事物之前，告诉听众到底要看些什么是一个很好的主意。如果你发现传阅的速度比较慢，你可以通过指出事物的某个属性并亲自传递该事物来加快传递的速度。如果你仍在投影仪上显示你所介绍的事物的图像，听众就可以看一些其他的东西。当然，仅当你的听众规模较小时才可能使用传阅物体这一方法。

优点：

- 可节省大量不需要的描述；
- 为演讲过程提供令人愉快的变化；
- 轻便易携带；
- 实物和道具通常能很容易获得；
- 听众能记住如何操作实物（一个很好的学习方法）。

缺点：

- 传阅实物需要花费大量的时间；
- 仅能在小规模的演讲中使用；
- 带了实物而不进行传阅是不合适的（大部分听众无法看到实物的细节）；
- 如果需要准备特殊的模型，将会十分耗时。

传阅实物仅适合小规模的演讲，因为这会花费很长的时间。不传阅实物是不合适的，因为大部分听众无法看到实物的细节。

9.13 是否控制了紧张情绪

在结束演讲过程的介绍之前，还要就紧张情绪做一些讲解。每位不得不进行演讲的人，特别是第一次进行演讲的人都会感到紧张，害怕自己演讲时表现得很愚蠢。但是事实上，如果想要使演讲生动有趣，我们都需要控制紧张情绪。

感到紧张是非常正常的，有些人认为深呼吸能够帮助人们放松，进而控制紧张情绪。我发现如果我集中精力于演讲的目的以及我想要听众从演讲中了解的关键思想，这将帮助我忘记自己的处境，从而最大程度地减少最初的紧张情绪。

不让紧张情绪占据主导地位并毁掉原本可以很成功的演讲的秘诀在于努力控制这种负面情绪。以下三点可以帮助克服紧张情绪：

（1）为演讲作计划，不是仅仅在信封的反面草草写下一些标题，而是仔细考虑你想要讲什么，以及什么样的视觉教具能够使所传达的信息对听众更有吸引力。

（2）练习演讲，自问：我演讲的时间掌握得如何？我是不是讲了太多内容而没有向听众展现我的主要主题领域？我和听众互动并给他们提问的机会了吗？

（3）面对自己的紧张情绪，想象今天你就要进行演讲。对你来说什么是你最担心出问题的方面？身临其境地想象一下，是讲不出话来了，失声了，或是忘记该说什么了。不管你最怕什么，全神贯注于这件事，将这件事的发展过程在脑子里完整地想一遍。

我们继续详细地讨论一下面对紧张情绪这一问题。如果你最担心的问题是你会讲不下去，那么想象这件事确实发生了。现在你正站在听众面前，并且忘记了该说什么。你把精心准备的提示卡片掉在地上了，它们四处散落。你惊慌失措，忘记了自己是否已经向听众展示了视频剪辑，并觉得观众认为自己是一个完全不称职的演讲者。这是一个多么可怕的处境啊！再进一步说吧，你接下来会做什么？尴尬地跑出房间？哭泣？冲听众大喊大叫？羞红了脸？请你再重新想象一下这个场景。

现在，当这些情况都已经发生了，对自己说：我还活着，我待着的地方还没着火，和我同处一室的听众并没说让我出去。事实上，我生活中所有真正重要的事情并没发生任何变化。

试着全面地看待这次演讲。你被要求告诉别人你的调查结果这一过程只占你生命中很短的一段时间，所以积极地看待这个问题。你现在有机会与其他人分享你的调查结果。在调查过程中，你已经学到了很多东西，而且在这个过程中你也发现了一些非常有趣的事实。你的调查分析可能会对今后在工作环境中发生的事物产生影响，最起码你可能已经完成了测试你的预测的目标。现在你知道了结果，你就可以与其他人分享了。

再想象一下你最害怕的噩梦，但把它想象成具有积极结果的情形。告诉自己，如果将提示卡片掉在了地上，那又能怎么样，你已经给它们编号了不是吗？你只需要保持微笑并向听众道歉，并要求听众等待你重新将提示卡片整理一下。轻描淡写地对待这件事情，并开玩笑说自己不太称职，听众会怎么样呢？难道会杀了你吗？事实上他们可能会比较同情你，表现得十分体谅。

通过面对自己最害怕的情况，让这种情况在脑海中经历一遍，你就能试着对此保持积极的态度。你也可以通过消除这种情况发生的可能性来防止其发生。在上面这个例子中，如果事先准备的提示卡片不仅编过号，而且还用装订线连在一起，那么就不会出现这种情况了。另一个确保此事不会发生的方法是当用完提示卡片后将其勾掉，或将其折叠起来放在角落处。这样，将一叠卡片掉到地上就只会带来不超过 10 秒钟的不便，你所需要做的只是向听众道个歉。

将以上内容做个总结即为：

- 你不是唯一感到紧张的人；
- 计划并练习演讲是很关键的；
- 通过面对紧张情绪你可以控制这一负面的情绪；
- 想象可能发生的最坏的事情；
- 无论在演讲过程中发生了什么事情，你生命中真正重要的事是不会有所改变的；
- 积极地看待这一问题，在脑海中再想象一下你最害怕的情形，并想象它具有一个较好的结果；
- 消除发生你最害怕情况的风险，或如果无法完全消除这样的风险，确定应变计划；
- 告诉自己演讲将会很成功，演讲确实就会成功。

Part B

你需要从这一章的开始阅读本章，以便磨炼你的演讲技巧，但是计算机能够帮助你进行专业的演讲。事实上，计算机加上投影仪能够完成大部分在视觉教具项下列出的设备功能——当然，传阅实物这一项除外。然而，我们已经说过，计算机能够以三维形式或以你选择的任何角度显示物体的图片，这样你的听众就能清楚地看到你所介绍的物体。或者你想让听众对物体的大小有所认识，你也可以让别人拿着物体并为物体拍摄视频，然后使用投影仪经过计算机进行投影。

9.14 演讲软件

市场上有大量软件，它们能够帮助你进行简单或复杂的演讲。这些软件不难学也不是非常昂贵。你可以使用它们创建不同类型的幻灯片，这些幻灯片都可具有大量的特殊效果。你可以使用动感的视频图片，或在自己的图片库中浏览图片。你可以从互联网上下载信息（和活动的图片），显示数码摄像机拍摄的视频或来自 CD 盘的内容。

9.14.1 PowerPoint 软件

在学院、大学（和商务活动）中比较流行的软件包之一是 PowerPoint，它是微软公司系列产品之一。PowerPoint 软件非常容易学习，而且你会对使用它在几小时内产生的成果感到惊讶。

你可以创建各种项目或简短的文本句子，并仅仅通过单击鼠标左键来使这些内容一条一条地在屏幕上显示。你也可以选择以各种不同且新鲜的方法来介绍你所准备的文本和图片，例如，选择文字从屏幕左侧或右侧慢慢地、一个一个地滑动到屏幕中央（你自己来控制速度），或从屏幕顶端迅速降落到屏幕中央。你可以选择不同的曲线形的或半圆形的字体。你可以在背景中使用不同的图案或颜色，添加音效，事实上使用这一软件你可以实现的功能是无穷无尽的。一旦你尝试借助计算机来完成演讲，你可能会变得十分依赖这一方法，因为这是如此容易和有效。即便是最没有经验的演讲者也能生成看起来非常专业的演讲稿。

9.14.2 反对使用 PowerPoint 类演讲的观点

对于初学者使用电子演讲稿来说有一个很大的缺点，那就是如果使用不当，可能会背离演讲者所要传达的信息。当第一次发现使用 PowerPoint 能做出色彩丰富的活动幻灯片时，大部分人都会太过于高兴。这使他们不必担心弄乱提示卡片，不必通过用纸板盖住投影片的不同部分来“创建”需要显示的投影片，也使他们再也不需要使用活动挂图和吱吱响的记号笔了。一切都由指尖掌控，因此很可能受不了诱惑而使用一切功能。

记住，视觉教具的目的是增强、解释或澄清你的演讲，而不是主宰演讲。在制作时不应该把它做成迪士尼电影的效果。Bill Wheless，美国格林威尔（Greenville）大学的执行培训师和指导员，声称 PowerPoint 的使用就像是“醉鬼手中的酒”。这并不是说他反对演讲软件本身，而是因为 PowerPoint 软件太容易学习和使用，对它的使用应当适度。Bill 解释道：

我认为 PowerPoint 本身实在是太棒了——在一个熟练的演讲者手中这一软件可以把任何事做到极致。但是，当没有经验的演讲者完全依赖此软件时就必须十分谨慎：PowerPoint 是非常便于使用的，但是它会使演讲者坐下来在 PowerPoint 中创建整个演讲稿。而事实上演讲者只有在完全确定自己想要说什么以后才能选择所需要的视觉内容（http：//www. presentations. com/techno/soft/20000/02/29_ f2_ ppl. html）。

在优秀的演讲中，演讲者是主要的焦点。他们使用的文字、声音中的语调以及与听众进行的眼神交流都是令人印象深刻的演讲的组成部分。视觉因素当然能够为演讲提供支持，但不应该成为推动演讲的关键点。

9. 14. 3　幻灯片不是印刷品

你所准备的 PowerPoint 幻灯片不应该被打印出来用作资料分发出去。与幻灯片相比，分发的资料应该具有更加广泛的背景知识。幻灯片应该是比较简短的、直指要点的。观看者应该一眼就能看完幻灯片中的内容。相反，分发的资料应该包含更多的信息，为听众提供背景知识，对幻灯片上仅仅一两行的文字进行扩展。将幻灯片作为资料打印出来，这些资料在几天之后就可能变得毫无意义了——如果你得到的资料上词语“岩石碎裂”被岩石图表标注为一个项目，你会记得在笔记中的详细信息以及在演讲中对岩石所作的解释吗?

9. 15　专业准备演讲稿的公司

市场上有不少公司愿意为你整理计算机演讲稿——需要收取一定的费用。我并不鼓励让这样的公司为你完成演讲的准备工作，因为自己整理简单的计算机演讲稿是很简单的事情，而且你还可以从中获得大量的乐趣。然而你也应该意识到这类商业公司的存在。

了解什么公司提供什么服务的最快捷的方法是使用互联网搜索一些关键字，如计算机演讲、数据投影仪、商业演讲等。你可以获得一系列可供查看的公司网址，有些公司提供包括图片设计在内的全面服务，从使用图片和文档到创建专业的幻灯片、彩色的投影片或打印稿，以及大幅的显示墙等所有工作这些公司都可以帮你完成。或者有些公司仅仅提供模板，你可以在模板的基础上制作自己需要的演讲稿。

如果你寻求专业公司的帮助，你需要付钱，而且当演讲稿只能使用一次时，你还需要考虑这笔费用是否划算。如果调查的演讲在公司内部进行时，那么可能会有内部的市场营销部门或 IT 部门使用公司的计算机软件和设备帮助你整理一份令人印象深刻的演讲稿。

9.16 设备可以完成什么工作

在教育机构中很可能存在计算机演讲的设备库，如液晶投影仪、互动白板、视频和相机设备，这些设备你都可以暂借使用。如果你想要在场馆外使用这样的设备，你可能需要出具保证书以防设备被偷窃和损坏。你最不希望签署的保证可能是如果设备遗失或损坏你将需要支付重置成本。

然而，在你借出任何设备之前，了解该设备能在哪些方面帮助你是很有用的。以下内容虽然不是可供使用设备的完整列表，但是它确实能使你对当今能使用的基本演讲资源有一个了解。如果你需要更加详细的信息，你可以咨询这一领域中知名公司（如索尼、奥林巴斯、东芝等）的产品信息。你可以通过在互联网上键入其名字并进行在线搜索来获取这些信息。或者你也可以试着键入产品本身，如数码相机、扫描仪，然后在线搜索。

如果你对这方面非常感兴趣，你可以查阅很多定期发行的专业杂志，这些杂志在你当地的报摊都能够买到。同时，如果这方面的技术人员有时间的话，他们中的很多人都会非常高兴与你探讨设备的特点（或其他内容），在帮助你解决出现的问题时，他们也是很有用的。

9.16.1 照相机（静态）

数码相机不需要使用胶卷，且其中的内存大小和类型会影响你存储和传递演讲稿的能力。一些相机仅仅只有可移动的数字存储卡或盘，一些相机具有永久性的数字内存，而其他一些相机则两者兼有。

使用仅具有永久数字内存的相机拍摄的照片可通过数据线从相机传递到计算机。具有可移动的数字存储卡的相机中的照片可以使用同样的方法传递到计算机中，但是也可以使用专门的读卡器来传递信息，你可以将存储卡放置到读卡器中，读卡器即可读出信息。这比使用数据线更方便。

市场上有些相机仅需要使用正常的高密度3.5英寸计算机磁盘即可，这些相机使用起来超级简单。你需要插入的是计算机磁盘而不是传统相机使用的胶卷。随着你拍摄照片，磁盘空间会逐渐被占据（每张磁盘平均可拍摄24张照片）。当一张磁盘的空间满了，你仅需要再插入一张磁盘，只要相机的电池电量充足，你就又可以拍照片了。相机的电池可在电源点充电。

大多数相机将图像以行业标准的JPEG格式进行保存，这样照片即可兼容于计算机图片编辑器、字处理系统或桌面排版应用程序（desktop publishing application）。然后你就可以对这些照片进行润色（或者从照片中删除所有不想要的皱纹）。

一些相机在将拍摄的照片存入内存或磁盘前，可以在小的LCD（液晶显示器——见下文的LCD投影仪）（相机的一个组成部分）上显示这些照片，这样你就可以查看这些照片了。基于相机模式的复杂性，你可以享受到各种功能，如以半秒钟的间隔自动快速连续拍摄12张左右的照片（在竞赛中非常有用）或内置远距镜头很好地拉近拍摄镜头。

9.16.2 数码可携式摄像机

许多人都熟知老一代的传统摄像机，那种爸爸、妈妈用来为他们子女的第一次打喷嚏、第一次走路、第一次洗澡等拍摄尴尬移动图片的摄像机。现代摄像机的产品质量、尺寸、重量和技术进步都与以前的模式大有区别。你可以拍摄（通常在夜间拍摄模式下仅需非常暗的灯光）质量极好的移动图片。通过接口连接，你可以将这些移动图片传送到计算机中，之后你就可以编辑、剪切、粘贴、转变背景、添加特殊效果或声音——可做的事无穷无尽。

9.16.3 数字媒体遥控器

如果设备没有随附的遥控器，市场上可以买到控制计算机、CD机、DVD机、许多其他数字媒体播放器以及演讲程序（如PowerPoint）的遥控器。通常计算机端口会连接一个接收器，该接收器会操作一个红外线遥控键盘。

9.16.4 数字视频系统

在市场上可以看到几个通常可插入到计算机端口（以便安装起来又快又方便）的系统。视频系统使你能够创造高质量的视频供多媒体演讲使用。你可以编辑图片，剪切并粘贴图片，使用效果最好的图片，重新安排图片的顺序，添加标题、音乐叙事和特效。

9.16.5 互动活页挂图

互动活页挂图基于使用记号笔的传统纸质活页挂图，但是前者的面板上有一个特殊的表面，而且使用特殊的记号笔。互动活页挂图的优点在于你可以将在上面书写的信息保存到计算机中。你可以随时以电子的方式擦除或突出显示文档内容，将活页挂图的页面打印出来或传输到其他的计算机中。

如果你使用了要求听众参与拓展结果的头脑风暴方法，或你希望听众获取在活页挂图上书写的所有文字的纸质副本，互动活页挂图将会是非常有用的。

9.16.6 互动演讲管理器

互动演讲管理器是一块连接到计算机和 LCD 投影仪的数字电子板，它能创建很大的互动投影屏幕。使用特殊的电子笔接触电子板的表面，演讲者可控制计算机环境。所有的程序功能均会传递到电子笔，这使得演讲者能够站在听众前面并在整个演讲过程中与听众保持重要的眼神和声音接触。

你可以使用视频、动画、图片和音频，事实上任何计算机可以处理的文件都可以在电子笔的笔端被描绘出来。如果认为能够增强或帮助澄清演讲内容，你还可以在投影形象上直接插入注释，并将之保存和打印。

9.16.7 互动白板

大部分人可能都看过老师在课堂上使用的白板，老师们会使用彩色的记号笔在白板上图解或书写一些注释。互动白板与传统的白板在尺寸和外形方面很相似，但是与后者相比，互动白板具有更强的功能。互动白板与个人计算机相连接，并可以在屏幕上显示你在计算机上所描绘的所有东西。这可能是活动的书写区域，可能是你在之前拍摄的照片，也可能是你扫描到磁盘中的视频形象或复杂的图示。你可以一次显示整个图片或一步一步地显示图片。

互动白板的优点是能够在演讲时或演讲后打印文稿，特别适用于要求通过电子邮件或传真导出部分或所有演讲稿的商务演讲。演讲现场写的内容也可以立即保存在计算机磁盘中以供打印使用，这样诸如涉及要求听众参与进行头脑风暴并产生观点列表的演讲就能够通过在演讲结束前分发印有观点的打印手稿来进行即时跟进。

9.16.8 激光指针

如果你希望指出一些在大屏幕上描绘的项目，激光指针是非常有用的，它使你不必站在屏幕旁边。同时，如果你的个子不是很高，你就不需要使用尺子或者木棍来够到你想要听众关注的相关数据或图片。你可以站在屏幕的300码以外仅仅通过将激光指针指向相关区域，这个区域就会被突出显示。这也就消除了站在屏幕前阻挡部分投影形象的可能性。

9.16.9 LCD和DLP数字多媒体投影仪

LCD（液晶显示）和DLP（数字光处理）这两种不同的投影系统的功能是相同的，但是如果你的演讲会涉及视频，DLP系统显示的图像会较为清晰。DLP是一项较新的技术，它通过使用数千面镜子来成像。LCD使用光束分裂技术，分裂的光束通过由像素流（液晶点）组成的通道来成像。

一旦投影仪连接到电脑上，你就可以随意描绘基本所有的事物，包括演讲幻灯片、视频、数据等。投影仪的优点还包括添加你所选择的声音，并可通过遥控器对其进行控制。投影仪通常放置在演讲场所的中间或后面，并向场所前面的屏幕投影，但是如果你足够幸运能够选择背投投影仪，那就做这样的选择。背投投影仪放置在屏幕的后方，它的优点在于允许你站在屏幕旁边指点相关细节而不会挡住投影的图像，而且其他人也不会在投影仪和屏幕之间行走并挡住图像。背投投影仪通常会永久安装在会议室或阶梯教室中，所以如果你能够为演讲预订这样的房间，你会省去许多安装设备的时间。

要描绘好的图像并不要求保持房间内较暗的灯光，特别是当你使用最新的投影仪时，所以你仍旧能够与听众保持目光接触，听众也能够阅读任何你想要使用的打印材料。

9.16.10 投影仪远程投影片滚频系统

当使用标准投影仪时，你通常会希望在给定时间显示屏幕上的部分内容，这就需要你用白纸盖住部分区域，然后沿着屏幕慢慢地移动白纸，以便一点一点地显示整个投影片。有时这让人觉得是浪费时间。

但是，远程投影片滚屏系统适用于任何标准的投影仪设备，并且可避免手工系统中所涉及的麻烦事。投影片滚屏系统使用非常方便，只需将其放置在投影片上即可在你需要时使用遥控器滚频显示你想要显示的内容。投影片滚屏系统是一个非常小的设备，可在公文包中携带。

第10章

寻找分享调查报告的途径

Part A

我们已经花了很长时间来研究调查的主题，现在你很可能已经处于以下两个阶段之一。你要么感到需要暂停整个调查过程，让自己歇一口气，要么坚持再也不想涉及你所调查的领域。然而“再也不”代表一段很长的时间，而且如果这一调查领域是你最初的选择，你很可能会对此很感兴趣，那么在几个月的时间内你的兴趣很可能又被重新激发。

另一方面，你可能对调查感到厌倦，但是仍然会继续下去。可能你在调查中又冒出了一些新的观点，这可能使你觉得自己仅看到了所调查领域的表面并希望了解更深层的内容。有些人对调查非常投入，它们会想要与别人分享调查中发现的事物，并希望能够对其调查领域中产生的问题和事物有更深的洞察。如果你希望与别人分享自己的成果，并为他们提供反馈的机会，你需要以某种方法让别人知道你正在干什么。

除了使用互联网外，最快的分享方法是在相关专业期刊或杂志上发表调查结果，但是如果你想要更深入、更详实地分享调查结果，可能写本书是最好的方法。书的出版时间远远长于期刊，因此如果你倾向于较快地获得反馈，将调查结果发表在期刊上会是比较好的选择。

10.1 书本

商业市场的写作出版要求与在撰写调查结果中已经有效培养的那些写作技巧是完全不同的。你很可能需要做大量的重新撰写工作，以便去除作品中的“学术”倾向。市场上有许多作者手册，这些书能够将你引导向正确的方向并为你提供可与之接触的调查报告出版商列表。

同时接触几个出版商是有价值的。在任何给定时间内，不同的出版商会寻求不同的标准。当一个出版商对你所调查的特定领域掌握充分的材料时，另一家出版商可能正在寻求新的作品。你致信的每一位出版商都对你的作品感兴趣的可能性是很小的，事实上如果有一位出版商感兴趣就是一件幸事。

10.1.1 大纲

最好的方法是为书本的大致内容准备大纲。Turner 很好地描述了当你开始写作大纲时应该关注的问题：

> 首先应该以写作理由开始，这部分可占上几行的篇幅。这本书是关于什么的？为什么非要成书？谁可能购买这本书？最后一个问题需要特殊的关注……每个作者都会认为他的书会被大量的读者购买，但是事实上每本书都有核心吸引力，正是基于此来判断其销售潜力的（Turner，1994：89）。

除非出版商认为你提供的书稿在经济方面具有可行性，他们才会考虑出版这本书。

你应该使用字处理软件准备大纲，使用双倍的行距，并应该对是否想要使用图示，以及如果使用图示将会采取何种方式给出指南。委托制图会增加出版成本。出版商也将会要求你估计书本的篇幅，通常你需要通过估计大概会使用的字数来告诉出版商书本的篇幅，这也是成本的一个重要考虑因素。

大纲也应该说明你交出最终稿件的日期。因为在达成一致意见并签订协议前通常会有几个月的时间，你可以作出诸如“从开始写作后六个月交稿”之类的承诺。通常是你自己来提出写作所需时间，但是一旦你同意了交稿日期，出版商会希望你按时交稿，所以不要低估完稿所需时间。

10.1.2 样章

除了书本的大纲外，你还需要发送你想要完成的书稿的一两章样章。你可以选择调查开始时的章节，并以批评的眼光重新阅读这些章节。记住，这次你作品的读者范围将远远超出导师、同伴、老板或同事。你需要为对背景知识一无所知的新的读者提供更加清晰的蓝本。你不能假设读者已经具有相关的知识，并需要据此改变自己的手稿。样章应该经过字处理软件处理，以双倍行距显示，其中不能出现错误或者手写的改动。

10.1.3　附信

在邮寄手稿之前致电出版商，并获得你应该致信的相关人员的名字是比较明智的做法。一些出版商偏好让作者在投稿时邮寄一封附信，其中强调作者以前的出版经历、相关的专业知识，特别是当作者是首次出书时，更需要附信。所以，一定要记得问一下是否需要邮寄附信。

你的信件应该非常礼貌且非常正式。解释你随信提供了投稿的书本的大纲和样章，你希望他们能够考虑出版的可能性。如果你希望得到出版商的回复并拿回手稿，你需要随附贴完邮票的信封，出版商通常会如此要求。

一两个星期内没有收到回复时不要着急，有些出版商可能需要两个月的时间才能回复你。如果投稿后一个月仍然渺无音讯，你可以礼貌地致电出版商，以确保他们确实收到了你的稿件。

10.1.4　成功了?

如果出版商对你的书稿感兴趣，可能会要求你提供更详细的信息或者是会建议与你见面。无论是哪种方式都是积极的和令人鼓舞的信号。现在你就真的需要坚定自己对所投书稿的观点。寻找外部统计数据或报纸报道支持你在书稿中作出的所有陈述。寻找提供相似信息的“竞争”图书，并解释你的书更为出色的理由。你应该为出书的下一阶段做好充分的准备。

10.1.5　被拒绝了?

出版业是竞争性很强的行业，数千名潜在的作者都会收到“对不起，不过谢谢你”这样的答复，所以如果收到了拒绝信件也不要太在意。收到深入解释为什么书稿不合适出版的拒绝信是不太可能的，拒绝信通常采用标准化信件格式，信中并不会提及为何他们不考虑你的投稿。

10.1.6　资金，资金，资金

一夜成名并获得大量现金的几率就像中彩票的几率一样小。即使你出版了许多图书，完全依赖出版图书所得的收入生活也几乎是不可能的事，所以不要放弃日常的工作。

通常，如果你的手稿会被出版，你会获得一小笔预付费用（一般分两到三次的分期付款支付）。除非你无法完成手稿，预付费用是不需要退还的。

预付费用的金额相差很大，在学术和教育领域中，该金额的总额有时都不会达到四位数，所以我们所说的预付款并不像小说市场中高达五位数的预付款那么高。但是，对某些人来说，看到自己的名字印在由知名出版社出版的图书的封面上远远比获得金钱更重要。

一旦你的书稿被出版了，你就能根据图书的销售收入获得版税。版税的多少也有差别，但是通常版税率的范围如下：简装书为国内销售额的7.5%，精装书为国内销售额的10%。

10.2 期刊或杂志

杂志或期刊考虑刊登的文章的篇幅相差很大。在重新撰写想要在专业期刊或杂志上发表的调查报告时需要作一些调查。通常期刊会对其要求给出详细的指导，如果你想要文章在期刊中发表，你可以事先对此进行了解并完全按照指导进行写作。在此阶段，你可以讨编辑的喜欢。如果你都懒得花工夫去了解编辑需要什么样的文章，他们又为什么要看你的手稿呢?

你可以从在作者手册中查找可能对你的主题领域感兴趣的相关期刊或杂志的名称开始。

你可能已经通过经常阅读其出版的书籍了解了一些涉及你研究领域的出版社，对于这些出版社你是有一定优势的，因为你应该已经对它们所出版的文章类型有一定的认知。当确定了可行的出版社后，一家一家地进行单独联系，了解它们的要求。“委托出版”一部作品并不一定意味着将会有收入。如果与分享调查结果相比你更看重金钱收入，你可能会失望的。

10.2.1 期刊要求

期刊编辑通常会寻找那些学术类型的文章，这些文章需要具有被很好定义的主题、准确的证据和明显的风格。他们希望文章中有正反两种论点，相应的出处均应在文中注明，并且放置在合适的内容中。几乎所有的编辑都要求作品经过很好的调查，并且以能够立即被明智的读者群接受的风格撰写。

在要求你给他们发送完整的手稿之前，一些出版社会要求你先提供大纲(见前文)，而其他一些出版社会要求你立即发送有关主题的5 000个字的稿件——出版社的要求相差很大。

10.2.2 期刊投稿

将文章一次仅向一家期刊或杂志社投稿是比较正常的做法，这与出版图书的做法不同。当你从单个期刊社获得其详细的要求，你将会发现这些要求通常是发表文章的必备条件。投稿通常意味着作者对作品原创性的保证。

期刊投稿的反馈时间比图书投稿的反馈时间短，但是如果你确实想要回自己的手稿，期刊社通常会要求你随附一个贴好邮票并写了地址的信封。

10.2.3 自由撰稿人的稿费率

各出版社之间为自由撰稿人提供的稿费率相差非常大。全国记者协会(National Union of Journalists) 商定了一个最低的稿费率，你可以致信出版社询问最新的稿费率。但是，在学术期刊中发表作品并不会使你变得富裕，所以不要仅因为想要获得财富而出版作品。

10.2.4 期刊投稿被拒

图书出版被拒和期刊出版被拒之间的最大差别在于，期刊的编辑有时会对他们拒绝出版你的手稿给出简短的理由。期刊的编辑通常不会在文章被拒绝发表这个问题上与你纠缠，但是即使是一个很短的段落，告诉你你的文章观点片面、过于强调理论，或忽视了一些当下思潮中重要的观点对你来说也是一个不错的起点。不要觉得自己被冒犯了，当你恢复了由于被拒绝而受损的骄傲后，你应该仔细考虑一下这些编辑所说的话，即使你并不同意这些观点。之后，你可以选择重新撰写文章并向同一家出版社投稿，或者将重写后的稿件投给其他期刊社。

10.3 自费出版?

在自费出版这种出版形式中，作者有时需要支付大量的金钱才能看到自己的名字印在出版物上。这种出版方式的运行基础是这一原则，即只要有人愿意承担费用，任何书都是值得出版的（此处愿意承担费用的人不是出版商）。

任何人都有权利出钱将自己的出版物付印成册，但是通过使用令人飘飘然的恭维话而不是对其作品的真实评估来引诱没有经验的作者支付出版费用，这在道德上是不被接受的。

警惕那些针对从未出版过书的作者或要求立即提交手稿的广告，可能它们真正看好的是你钱包里的钱。

如果你觉得为了名誉和财富必须自费出版图书，请确保自己能够负担得起费用，因为你可能永远无法收回最初的投入。如果可以的话，试着参观一下出版社的办公室（有的出版社会将办公室设立在车库的角落里!），要求看一下在任何知名全国性报纸上发表的有关出版社目前出版的图书的评论。问一下出版社是如何分销所出版的图书的，然后再核实一下它们是否与所提及的知名图书分销链真正签有合同。

网上通常可以自助自费出版图书，这部分内容的详细信息将在本章稍后的内容中提及。

10.4 竞争、助学金、奖学金和奖励

人人都听说过布克小说奖（Book Prize for Fiction）或英国图书奖（British Book Awards），虽然这里并不是提倡你一定要立志获得这些通常由出版社提名的知名奖项，但是还有其他的奖项可供你争取。然而，你几乎总是需要重新撰写手稿以满足竞争或获奖的要求。

在竞争领域有许多你可以争取的奖项，所有这些奖项都需要你调整作品或者完全重新撰写作品。所以，你需要考虑自己是否有时间投入到重新撰写作品这项工作中，以及是否具有热情去研究你已经研究了几个月的领域。如果你觉得已经矫枉过正了，也许在进行更多的工作之前，你需要歇一下，暂停对该主题的研究。

10.4.1 普罗米修斯奖（Prometheus Award）（大英博物馆出版社（British Museum Press））

这是一个颁发给考古学、民族志或古代史领域中首版图书的最突出大纲的奖项。奖项的目标在于应对作者的专业化倾向，并鼓励他们进行跨学科的思考或在更广泛的历史区间内进行思考。以前的获奖者包括 Richard Rudeley，其获奖作品为《文化的炼金术：社会中的毒品》（*The Alchemy of Culture*：*intoxicants in society*）的大纲，该作品根据民族志数据研究了在社会中使用的毒品。

普罗米修斯奖所提供的奖金用于帮助作者完成书本写作工作并与出版社签订出版合同。如果你对此奖感兴趣或觉得自己的研究属于这一类别，你可以联

系位于伦敦的大英博物馆出版社。

10.4.2　为自然写作设立的BBC野生生物杂志奖（BBC Wildlife Magazine Awards）

如果你对人与自然的关系感兴趣，而且你的调查以某种方式专注于这个问题，那么你可能会对这个奖项感兴趣。这是一个为业余或专业作者设立的年度奖项，评比的是单篇文章。在业余组和专业组中各设立多个奖项可供评选。更多信息请联系位于BS8 2LR布里斯托尔白女士路英国广播电台。

10.4.3　艾萨克和塔玛拉·德意志纪念奖（Isaac and Tamara Deutscher Memorial Prize）

这是一项认可并鼓励对艾萨克·多伊彻的马克思主义传统进行调查的奖项。该年度奖金提供给出版文章、整部书稿以及手稿的作者。更多信息请联系位于NW2 4DU伦敦加布里埃尔路75街的Gerhard Wilkie。

10.4.4　福赛书奖（Fawcett Society Book Prize）

如果你的调查是关于对妇女的关心、态度和角色的，福赛书奖就是为这类调查所形成的非虚构作品的作者提供年度奖励的。更多信息请致信福赛书奖，地址为SE11 5AY伦敦哈利福特路6号的妇女生活的新光彩（New Light on Woman's Lives）栏目。

10.4.5　地方奖项或特殊奖项

各种奖项都是充满竞争的，有些奖项对获奖资格有严格的规定，这就具有帮助减少反对态度的优势。例如，一些奖项仅授予在约克郡和威尔士等地出生的本地人，或要求作者必须在35岁以下或甚至50岁以下，有些还要求作者之前必须没有出版过其他的书籍。要了解不同的奖项的详细信息，请参阅作者手册，或订阅专业的写作杂志。

10.5　不通过更多的写作来分享调查结果

如果你不希望再对调查报告进行任何实质性的重新撰写工作，但是认为你的调查结果很重要，而且与其他人的调查相关，可供他们使用，那么为了自己、你的调查主题以及你的公司，你也应该让别人知道调查结果。

也许有其他你可能会考虑的分享调查结果的方法，其形式可能是演讲

（或小型演讲）或研习会，其中你可以邀请一些感兴趣的团体参加，或者也可以主持讨论会。你甚至可以在公司内部或教育机构中召开会议以便让其他人知道你所做的事，这对沟通过程有所帮助，毕竟你所得出的调查结果可能对他们会有所帮助或是与他们相关的。

如果你觉得确实有些重要的内容要讲，并且你想要采用公开演讲的方式来说出这些内容，那么你可以考虑将自己的成果与更大范围的人分享，而不是仅仅与自己行业或机构内的人员分享。以下列表为你提供了在演讲时可考虑的演讲对象团体，但是根据你的调查范围，其中的一些机构可能并不具相关性。

（1）工会分支机构；

（2）国家/国际会议；

（3）专业团体；

（4）成年人教育团体；

（5）课程在你研究的主题范围内的夜校；

（6）总公司会议；

（7）所参加的俱乐部；

（8）妇女组织；

（9）母亲和幼儿团体；

（10）与你调查领域相关的团体，如英国皇家保护儿童受虐协会（Royal Society for the Prevention of Cruelty to Children，RSPCC）、英国皇家保护动物受虐协会（Royal Society for the Prevention of Cruelty to Animals，RSPCA）、英国皇家聋人协会（Royal National Institute for Deaf People，RNID）、英国皇家盲人协会（Royal National Institute for Deaf People，RNIB）等。

10.6 进行更多的调查?

如果你在调查开始的时候就知道调查结束时自己将会有什么收获，那你就会占尽优势。你将会完全了解自己的目标是什么，什么信息是需要的，什么信息是不需要的，什么是错误的线索以及如何将事情开展得尽善尽美。

有些人很享受调查过程，他们能从中获得满足感和成就感。对一个主题的调查通常会产生一些你没有时间探索的未答复的问题或领域，无疑，从中你会发现一些想要调查的问题。也许你的工作单位也想要调查这些问题。也许你自己想要增加一些资历或找到一些开发调查技巧的方法。如果情况确实如此，你可以致电当地的大学寻求这方面的信息。如果你想要做更多的调查，而且你也具备时间和热情来开展更多的调查，那就放手去做。

Part B

10.7　在网上分享调查结果和数据

在你将信息放到网上之前，请确保自己已经阅读了本书4.4节“抄袭”部分的内容。如果别人将你的成果占为己有并进行传播你会有何感觉？许多网站都会包含版权声明，详细写出网站中的材料可被如何使用。你也可以采用如此做法，要求人们在复制特定内容之前给你发封电子邮件取得你的许可。

法院即将定义在电子环境下进行的公平交易，任何认为从网站上复制材料属于公平交易范畴的人都是不明智的，但是这并不意味着没有人会从网站上复制你的作品。有关调查或隐私研究、批评、回顾以及对当前事件的报告的公平交易通常来说并不违反版权规定，但是受限于严格的条件。

虽然已报告的网上版权滥用的案例比较少而且具有偶发性——工作繁忙的人不会寻求许可，其他人尚未了解版权法——但是现在有大量的人在使用互联网，而这些人对合法使用放在网上的材料的构成要素通常都缺乏了解。所以，如果你正在考虑将调查结果放到网上，那就做好自己的作品被他人使用的心理准备吧。

10.8　确保作品的原创性

在英国，如果作品以某种方式进行了标注（如在版权所有者姓名和出版日期后面标注“版权所有”字样），作者的任何原创作品都有版权。版权所有的国际通用符号是©，在英国并没有使用该符号的要求，但是在其他国家这却是必备要求。如果你确实使用了版权所有的符号，那么万一发生侵权事件需要走上法律程序的话，该符号能帮助你。

证明在其他人想到相同的观点或进行了相似的调查之前你已经出版了作品

并非一件容易的事。版权授权代理的网站是 http：//www. cla. co. uk，它可以就一系列的程序为你提供明智的建议。当你创作了具有版权的作品时，你可以使用这些程序：

（1）通过挂号邮件给自己寄一份妥善密封的作品副本（在第一段中注明版权细节），当包裹送到的时候不要拆开它。将邮寄单和包裹存放在安全的地方。

（2）将密封的作品副本（也在第一段中注明版权细节）放置在银行中或律师处。

这些建议将帮助你证明作品在某个日期邮寄或者存放在律师处。在发生争执时，可在律师的建议下或在律师在场时打开密封的包裹。

你也可以寄送一份作品副本到英国文书厅（Stationers' Hall）的版权注册处。需要了解更多详细信息请登录版权授权代理网站。

以上所有建议都将帮助你证明某个时点上作品的存在性，但是这不能证明该作品确实是你创作的。

10. 8. 1 英国以外的保护

存在多个国际版权公约（International Copyright Convention）组织，其设立的目的在于保护世界范围的版权，英国是该组织的一员。英国国民创作的作品在该公约组织所有成员国中受到这些国家的法律保护。世界上大部分国家都至少加入了其中一个公约组织。

10. 8. 2 有人不经允许使用了你的作品

最糟糕的情况发生了。你看，你在互联网发布的作品（标注了你的姓名和版权详情）被一句不差地发表在了期刊或杂志上了。你会怎么办？

不幸的是需要你自己来执行版权法，而且如果你觉得自己的钱财被骗了，你还需要咨询一位具有合适资格的律师来接手你的案子。选择其他处置侵权方的较不正式的方法可能会比较节省成本。如果你已经加入了诸如作者协会（Society of Authors）之类的组织，那么对侵权行为的处置将会更具权威性，而且你可以要求这些协会以你的名义接触侵权方。

10. 8. 3 分享信息

可能因为你觉得自己所发现的事实在某种程度上能帮助其他人，所以你仅想要与其他感兴趣的人分享调查结果。也可能你并不真正在意人们复制你的作品，因为你觉得所获得的信息和所学到的东西远远比材料的所有权重要。如果情况是这样，那就把你的作品放在互联网上吧。

你可以建立自己的网站来发布作品。虽然可以通过图书来自学如何建立网站，但是如果参加当地学院或大学的短期课程，学习会变得比较容易（见6.8节“什么是HTML和XML”部分）。

总　结

调查是永无止境的

在调查的世界中，当我们不断前进时，目光所及的地平线就会后退，60岁时离地平线的距离并不比20岁时更近一点。随着年龄的增长，持久力会削弱，但是追求结果的紧迫性却会增强……调查是永无止境的（Casaubon，1875，Pattison于1980年引用）。

在进行调查的过程中，提出的问题会多于得出的答案。总是会出现众多线索供人们追寻，但是人们总是会没有充足的时间来平衡所选择的调查方法。我们是普通人，有时会对研究的主题生厌，希望所有的工作都已经完成了。但是当这些工作都完成了，一段时间过去了，我们会回顾自己所学到的东西，然后发现由于这些经验的存在，我们的眼界又比以往开阔了些。

参考文献

Ackroyd, S and Hughes, J (1983) *Data Collection in Context.* London. Longman

Allan, G and Skinner, C (1991) *Handbook for Research Students in the Social Sciences.* London. Falmer

Anderson, S and Gansneder, B (1995) Using electronic mail surveys and computer-monitored data for studying computer-mediated communication systems. *Social Science Computer Review*, (13): 33 – 46

Babbie, E. (1990) *Survey Research Methods.* Califomia. Wadsworth

Bailey, V and Goddard, G (1996) *Essential Research Skills.* London. Collins Educational

Bakeman, R and Gottman, J M (1986) *Observing Interaction: An Introduction to Sequential Analysis.* Cambridge. Cambridge University Press

Bales, R F (1950) *Interaction Process Analysis. A Method for the Study of Small Groups.* New York. Addison-Wesley

Bartlett, P (1999) *Definitive Guide to the Internet.* Christchurch. FKB Publishing

Bell, C and Newby, H (1977) *Doing Sociological Research.* London. Allen & Unwin

Bell, G (1987) *Speaking and Business Presentations.* London. Butterworth

Bell, J (1999) *Doing Your Research Project. A Guide for First-time Researchers in Education and Social Science.* Milton Keynes. Open University Press

Blaxter, L, Hughes, C and Tight, M (1996) *How to Research.* Buckingham. Open University Press

Bodgan, R and Biklen, S (1992) *Qualitative Research in Education*, 2nd edn. Boston. Allyn & Bacon

Bouma, G D and Atkinson, G B J (1995) *A Handbook of Social Science Research.* Buckingham. Oxford University Press

Brause, R and Mayher, J (1991) *Search and Re-search.* London. Falmer Press

Bryman, A and Cramer, D (1999) *Quantitative Data Analysis with SPSS Release* 8 *for Windows for Social Scientists.* London. Falmer Press

Burgess, R (ed.) (1982) *Field Research: A Sourcebook and Field Manual.* London. Allen & Unwin

Cockton, P (ed.) (1988) *Subject Catalogue of the House of Commons Parliamentary Papers, 1801 – 1900*, 5 vols. Cambridge. Chadwyck-Healey

Cohen, L, Manion, L and Morrison, K (2000) *Research Methods in Education.* London. Routledge

Convey, J (1992) *Online Information Retrieval – An Introductory Manual to Principles and Practice.* London. Library Association Publishing

Coombes, H (1997) *Text/Word Processing with Word.* London. Thomson Learning

Creswell, J W (1994) *Research Design (Qualitative & Quantitative Approaches).* London. Sage

Denzin, N K (1970) *The Research Act in Sociology.* London. Butterworth

Desmond, M (2000) *Windows 2000 Professional Bible.* Foster City, CA. IDG Books Worldwide

Dillman, D (1990) *Starting Statistics in Psychology and Education.* London. Weidenfeld & Nicolson

Dunsmuir, A and Williams, L (1991) *How to do Social Research.* London. Collins Educational

Eichler, M (1988) *Non-sexist Research Methods.* London. Allen & Unwin

Feyerabend, P (1981) *Philosophical Papers.* New York. Cambridge University Press

Fielding, N and Lee, R (eds) (1991) *Using Computers in Qualitative Research.* London. Sage

Fisher, D and Hanstock, T (1998) *Citing References.* Oxford. Blackwell

Ford, P and Ford, G (1951) *A Breviate of Parliamentary Papers, 1917 – 1939*, Oxford,

Blackwell. Reprinted by Irish University Press, 1970

Ford, P and Ford, G (1953) *A Select List of British Parliamentary Papers, 1833 – 1899*, Oxford, Blackwell. Reprinted by the Irish University Press, 1970

Frankfort-Nachmais, C and Nachmais, D (1996) *Research Methods in the Social Sciences*, 5th edn. London. Arnold

Fulcher, J and Scott, J (1999) *Sociology.* Oxford. Oxford University Press

Gilbert, N (ed.) (1993) *Researching Social Life.* London. Sage

Glastonbury, B and MacKean, J (1993) In G Allan and C Skinner (eds) *Handbook for Research Students in the Social Sciences.* London. Falmer

Green, S (2000) *Research Methods in Health, Social and Early Years Care.* Cheltenham. Stanley Thornes

Hantrais, L and Steen, M (1996) *Cross-national Research Methods in the Social Sciences.* London. Pinter

Heyes, M, Hardy, S, Humphrey, P and Rookes, P (1993) *Starting Statistics in Psychology and Education.* Oxford. Oxford University Press

Hitchcock, G and Hughes, D (1992) *Research and the Teacher.* London. Routledge

Hoyle, K and White, H (1988) *Business Calculations.* Oxford. Butterworth

James, A and Christensen, P (1999) *Research with Children.* London. Routledge

Jary, D and Jary, J (1995) *Dictionary of Sociology.* Glasgow. HarperCollins

Langley, P (1987) *Doing Social Research.* Lancashire. Causeway Press

Lavan, A (1985) In E Kane *Doing Your Own Research.* London. Marian Boyars

Lonkila, M (1995) Grounded theory as an emerging paradigm for computer-assisted qualitative data analysis. In U Kelle (ed.) *Computer-aided Qualitative Data Analysis: Theory, Methods and Practice.* London. Sage

Martin, J and Matheson, J (1992) 'Further developments in Computer Assisted Personal Interviewing for household Income surveys' in OPCS, *Survey Methodology Bulletin*, (3): 33 – 6

Mason, J (1996) *Qualitative Researching.* London. Sage

Mathias, H (1991) Presentation and Communication Skills. In G Allan and C Skinner (eds) *Handbook for Research Students in the Social Sciences.* London. Falmer

McKenzie, G, Usher, R and Powell, J (1997) *Understanding Social Research.* London. Falmer

McNeill, P (1985) *Research Methods.* London. Tavistock

McNiff, J. Whitehead, J and Lomax, P (1996) *You and Your Action Research Project.* London. Routledge

Mehta, P and Sivadas, E (1995) Comparing response rates and response content in mail versus electronic mail surveys. *Journal of the Market Research Society*, 37 (4): 429 – 39

Miles, M and Huberman, M (1994a) *Qualitative Data Analysis.* London. Sage

Miles, M and Huberman, M (1994b) Data management and analysis methods. In NKDenzin and Y S Lincoln (eds) *Handbook of Qualitative Research.* London. Sage

Moore, R (1997) Inner City Immigrants. In Bell, C and Newby, H *Doing Sociological Research.* London. Allen & Unwin

Morison, M (1986) *Methods in Sociology.* Harlow. Longman

Moser, C and Kalton, G (1971) *Survey Methods in Social Investigation*, 2nd edn. London. Heinemann

Nelson-Jones, R (1986) *Human Relationship Skills.* London. Cassell

O'Hara, S, Vega, D and Kelly, J (1997) *Discover Office* 97. Foster City CA. IDG Books Worldwide

Pattison, M *The Oxford Dictionary of Quotations*, 3rd edn, 1980 Oxford. Oxford University Press

Pitter, K, Amato, S, Callahan, J, Kerr, N and Tilton, E (1996) *Every Student's Guide to the Internet: Windows Version.* San Francisco, CA. McGraw-Hill

Roberts, H (ed.) (1981) *Doing Feminist Research.* London. Routledge

Robson, C (1999) *Real World Research – A Resource for Social Scientists and Practitioner-Researchers.* Oxford. Blackwell

Rose, D and Sullivan, O (1996) *Introducing Data Analysis for Social Scientists.* Buckingham. Open University Press

Shipman, M D (1988) *The Limitations of Social Research*. London. Longman

Slattery, M (1986) *Official Statistics*. London. Tavistock

Smith, J (1993) *After the Demise of Empiricism: The Problem of Judging Social and Educational Inquiry*. New York. Ablex

Sprent, P (1988) *Understanding Data*. London. Penguin

Stein, S D (1999) *Learning, Teaching and Researching on the Internet*. Harlow. Wesley Longman

Strauss, A and Corbin, J (eds) (1997) *Grounded Theory in Practice: A Collection of Readings*. London. Sage

Stuart, C (1988) *Effective Speaking*. London. Pan Books

Tapson, F (1999) *The Oxford Mathematics Study Dictionary*. Oxford. Oxford University Press

Taylor, P, Richardson, J, Yeo, A, Marsh, I, Trobe, K and Pilkington, A (1999) *Sociology in Focus*. Ormskirk. Causeway Press

Tesch, R (1990) *Qualitative Research*. London. Routledge

Tittel, E and Pitts, N (1999) *HTML 4 for Dummies*. Foster City, CA IDG Books Worldwide

Turner, B (ed.) (1994) *The Writer's Handbook 1995*. London. Macmillan

Verma, G K and Beard, R M (1981) *What is Educational Research? Perspectives on Techniques of Research*. Aldershot. Gower

Vorderman, C and Young, R (2000) *Guide to the Internet*. London. Pearson Education

Walsh, J P, Kiesler, S, Sproul, L S and Hesses, B W (1992) Self-selected and randomly selected respondents in a computer network survey. *Public Opinion Quarterly*, (56): 141 – 4

Warren, M (1980) *Business Calculations*. Amersham. Hulton Educational

Weber, M (1964) *The Theory of Social and Economic Organisation*. New York. Free Press

Whyte, W F (1955) *Street Corner Society*, 2nd edn. Chicago. University of Chicago Press

Woods, P (1999) *Successful Writing for Qualitative Researchers*. London Routledge

► Electronic sources

Barry, C (1998) Choosing qualitative data analysis software: Atlas/ti and Nudist compared. *Sociological Research Online*, 3(3). http://www.socresonline.org.uk/socresonline/3/3/4.html June 2001

Bell, B (1997) Qualitative Analysis: Web & Software Resources. http://ihs2.unn.ac.uk:8080/bbquall.htm June 2001

Coffey, A, Holbrook, B and Atkinson, P (1996) Qualitative data analysis: Technologies and representations. *Sociological Research Online*, 1(1). Available: http://www.socresonline.org.uk/socresonline/1/1/4.html June 2001

Collins, P (1998) Negotiating selves: Reflections on 'unstructured' interviewing. *Sociological Research Online*, 3(3). http://www.socresonline.org.uk/socresonline/3/3/2.html June 2001

Copyright Licensing Agency. http://www.cla.co.uk June 2001

Kuczynski, L (1998). Reflections of a Closet Qualitative Researcher. The Genetic Epistemologist: *The Journal of the Jean Piaget Society*, 26(2). http://www.piaget.org/GE/1998/GE-26-2.html June 2001

Mehta, R and Sivadas, E (1995) 'Using e-mail as a research tool' ESRC (Economic and Social Research Council) and JISC (Joint Information Systems Committee). The Data Archive http://www.data-archive.ac.uk June 2001

Mulder, J (1994) The mechanics of qualitative analysis. *Issues in Educational Research*, 4(2), pp. 103-8. http://cleo.murdoch.edu.au/gen/iier/iier4/942p103.htm June 2001

Palgrave Publications. http://www.palgrave.com. June 2001

Sainsbury, R, Ditch, J and Hutton, S (1993) Computer-assisted personal interviewing. *Social Research Update*. http://www.soc.surrey.ac.uk June 2001

University of Essex. *The Data Archive*. http://www.data-archive.ac.uk June 2001

Wheless, B and Ganzel, R *Presentations* Magazine (February 2000). http://www.presentations.com/techno/soft June 2001